中央高校基本科研业务费专项资金资助

有限元简明导论

刘英伟　刘　斌　孟国哲　著

北　京
冶金工业出版社
2020

内 容 提 要

本书共5章。第1章对有限元的基本思想进行了介绍；第2章介绍了单元和插值函数，列举了常用的单元及其性质、形函数构造方法；第3章重点介绍有限元计算方法步骤，包括有限元方法所依赖的最基本理论；第4、5章介绍了有限元的一些应用，包括一些常用软件及一些简单的算例。

本书可供从事有限元方法研究的科技人员阅读，也可供大专院校相关专业师生参考。

图书在版编目(CIP)数据

有限元简明导论／刘英伟，刘斌，孟国哲著. —北京：冶金工业出版社，2019.8 （2020.9 重印）
ISBN 978-7-5024-8162-9

Ⅰ.①有… Ⅱ.①刘… ②刘… ③孟… Ⅲ.①有限元法 Ⅳ.①O241.82

中国版本图书馆 CIP 数据核字(2019)第 168852 号

出 版 人　苏长永
地　　址　北京市东城区嵩祝院北巷39号　　邮编　100009　电话　(010)64027926
网　　址　www.cnmip.com.cn　电子信箱　yjcbs@cnmip.com.cn
责任编辑　李培禄　常国平　美术编辑　彭子赫　版式设计　禹　蕊
责任校对　石　静　责任印制　禹　蕊
ISBN 978-7-5024-8162-9
冶金工业出版社出版发行；各地新华书店经销；北京建宏印刷有限公司印刷
2019 年 8 月第 1 版，2020 年 9 月第 2 次印刷
169mm×239mm；11.5 印张；221 千字；173 页
45.00 元

冶金工业出版社　　投稿电话　(010)64027932　投稿信箱　tougao@cnmip.com.cn
冶金工业出版社营销中心　电话　(010)64044283　传真　(010)64027893
冶金工业出版社天猫旗舰店　yjgycbs.tmall.com

(本书如有印装质量问题，本社营销中心负责退换)

前　言

有限元方法作为一种高效的数值方法,已被广泛地应用于各类学科专业和工程技术领域,它作为对真解的一种近似,在一定程度上揭示了研究对象或过程的内在规律,为科学研究、产品制造、性能预测等提供了强有力的指导和参考。比如装载矿石时石头对车厢的冲击、飞机亚音速绕流分析、船舶在流体中高速航行等这些过去难以解决的问题,通过有限元方法都得到了圆满的解决,因此可以毫不夸张地说,掌握了有限元技术,就掌握了竞争的主动权。

然而要熟练掌握并运用它并非易事,这是因为,有限元方法除了有专业差别外,还涉及计算机软硬件、高等数学、变分法、计算数学等知识,一般需具有硕士或硕士以上学历的人才能掌握它,而作为庞大社会资源的本科生,掌握起来难度很大,这大大地限制了它的推广与应用,在目前全国倡导大学生自主创业的大背景下,让广大本科生也掌握这门技术,无疑具有重要意义。

由于有限元理论较深,本科生学习起来难度很大,笔者认为,编撰一本适合本科生学习的著作,是解决这个问题的有效办法。目前关于有限元的著作浩若烟海,然而翻看现有的著作,大部分是面向研究生和高等研究人员的,适合本科生的很少,鉴于此,笔者有了编撰一部具有普及意义的有限元著作的想法。当然,在基础理论上,这本书不会有新的东西,但在内容编排和叙述方式上,本书和其他同类书籍有着明显的不同,它具有如下一些特点:

(1) 理论浅显易懂。作者认为,对一项技术的掌握不应仅仅停留在应用层面上,还应通晓其基础理论,如果"知其然而不知其所以然",就只能停留在"打工者"的层次上,而缺乏自我创新能力。创新的前提是对基础理论的融汇贯通,对于有限元更是如此。目前有一款COMSOL软件,其代码是开放的,用户可以根据实际情况添加或修改方程，具有很大的灵活性和可扩充性，然而对有限元理论不精通的话，上述功能是无法实现的。本书所阐述的理论和其他著作相比并无不同，但叙述的方式更通俗易懂，尽量将深奥难懂的理论，简单明了地表达出来，使具有大学甚至本科学历的人都能看懂。

（2）保留主干，去掉末节。目前的一些著作，结合各专业知识分章阐述，比如第1章是结构分析、第2章是热分析、第3章是电磁分析等。这样看似乎面面俱到，但却有罗列之嫌，实际上，各学科的差别，从数学角度讲，就是场变量和它所遵循的控制方程的不同，而在有限元理论中，对不同的方程，其数学处理过程基本一样，因此，只要掌握了数学处理过程，则不论什么方程，只要对号入座就可以了，这无疑有利于跨专业应用，尤其在多场耦合的场合，这一点尤为可贵。

（3）管中窥豹，注重单元。有限元的最小组成单位是单元，单元是求解域的"细胞"，抓住单元就等于抓住了问题的关键，因此本书把单元单独列为一章，重点阐述单元的特性、形函数的构造等，并把有共性的地方指出来，利于读者掌握。

本书共分5章，第1章对有限元的基本思想进行了介绍，虽然篇幅不多，但对于了解有限元的基本思想很有启发，望读者仔细阅读；第2章介绍了单元和插值函数，列举了常用的单元及其性质、形函数构造方法，是理解有限元的关键章节；第3章介绍有限元计算方法步骤，涉及有限元方法所依赖的最基本理论，是全书的重点和难点，能否掌握这些理论，是读者能否真正掌握有限元的关键；第4、5章介绍了有限元的一些应用，包括一些常用软件及一些简单的算例。

本书第1、3、4章由刘英伟编著，第2、5章和附录由刘斌和孟国哲编著，全书由刘英伟统稿。

本书由"中央高校基本科研业务费专项资金"资助出版，在此表示感谢。

由于编者水平有限，书中难免有不足或不妥之处，还望广大读者多多批评指正。

作　者
2019年5月

目 录

1 有限元的基本思想 ... 1

1.1 有限元历史简介 ... 1
1.2 离散杆件系统 ... 2
1.2.1 单元受力分析 ... 2
1.2.2 局部坐标向整体坐标变换 ... 4
1.2.3 节点平衡方程与整体刚度矩阵 ... 7
1.2.4 边界条件的施加 ... 9
1.3 连续系统 ... 10
1.3.1 有限与无限 ... 10
1.3.2 近似解 ... 12
参考文献 ... 15

2 单元和形函数 ... 17

2.1 一维单元 ... 17
2.1.1 拉格朗日单元 ... 17
2.1.2 Hermite 单元 ... 19
2.2 二维单元 ... 20
2.2.1 三角形单元 ... 20
2.2.2 单元的完备性和相容性 ... 22
2.2.3 矩形单元 ... 24
2.3 三维单元 ... 26
2.3.1 四面体单元 ... 26
2.3.2 立方体单元 ... 28
2.4 等参单元 ... 29
2.4.1 四边形等参单元 ... 29
2.4.2 六面体等参单元 ... 31
参考文献 ... 32

3 有限元基础理论 ····· 34

3.1 有限元基本理论之一——加权余量法 ····· 34
- 3.1.1 微分方程及其等效积分形式 ····· 34
- 3.1.2 等效积分方程的弱形式 ····· 36
- 3.1.3 基于等效积分弱形式的近似方法——加权余量法 ····· 39
- 3.1.4 单元刚度矩阵的推导 ····· 39
- 3.1.5 单元刚度矩阵集成为整体刚度矩阵 ····· 43
- 3.1.6 节点温度向量 ····· 45
- 3.1.7 单元等效节点载荷 ····· 46
- 3.1.8 整体方程组形式及意义 ····· 48
- 3.1.9 数值积分 ····· 49
- 3.1.10 边界条件的施加 ····· 52
- 3.1.11 方程求解 ····· 54

3.2 有限元基本理论之二——变分原理 ····· 56
- 3.2.1 泛函的基本概念 ····· 57
- 3.2.2 函数的微分与泛函的变分 ····· 58
- 3.2.3 泛函极值求解 ····· 59
- 3.2.4 微分方程泛函的建立 ····· 61
- 3.2.5 里兹方法 ····· 62
- 3.2.6 里兹方法推导单元刚度矩阵 ····· 63
- 3.2.7 小结 ····· 64

3.3 其他专业领域方程的推导 ····· 64
- 3.3.1 流体力学 ····· 65
- 3.3.2 静电场 ····· 65
- 3.3.3 静磁场 ····· 67

3.4 本章小结 ····· 68
参考文献 ····· 68

4 有限元法在弹性力学中的应用 ····· 69

4.1 弹性力学基础 ····· 69
- 4.1.1 基本概念 ····· 70
- 4.1.2 平衡微分方程 ····· 77
- 4.1.3 本构关系 ····· 80

4.2 弹性力学变分原理 ····· 80

4.3 弹性力学有限元求解列式推导 ·················· 82

参考文献 ·· 97

5 有限元法在实际工程中的应用 ······················ 98

5.1 常用有限元软件介绍 ··· 98
5.1.1 ANSYS ·· 98
5.1.2 Nastran 和 Patran ··································· 99
5.1.3 ALGOR ·· 99

5.2 ANSYS 在结构分析中的应用 ······························ 99
5.2.1 定义单元类型和材料属性 ························· 100
5.2.2 建立几何模型 ······································· 105
5.2.3 划分网格 ··· 111
5.2.4 有限元计算过程 ··································· 115
5.2.5 计算结果显示 ······································· 119

5.3 ANSYS 在热分析中的应用 ································· 122
5.3.1 问题的描述 ·· 122
5.3.2 求解过程 ··· 123
5.3.3 后处理 ·· 130

5.4 ANSYS 在静电场分析中的应用 ·························· 132
5.4.1 问题描述 ··· 132
5.4.2 建模思路 ··· 132
5.4.3 求解步骤 ··· 132
5.4.4 查看结果 ··· 136

5.5 ANSYS 在静态磁场中的应用 ····························· 138
5.5.1 问题描述 ··· 138
5.5.2 建模思路 ··· 139
5.5.3 求解步骤 ··· 139
5.5.4 查看结果 ··· 146

参考文献 ·· 149

附录 A 常用 ANSYS 单元简介 ·························· 150

附录 B ANSYS 结构分析常用材料模型 ············· 172

1 有限元的基本思想

1.1 有限元历史简介

人们在研究工程和物理领域的某些运动规律时,常将这些规律用数学语言表达出来,即一组微分或偏微分方程。例如弹性力学中的应力平衡微分方程、几何方程、本构关系;热传导中的导热微分方程;电磁场中的麦克斯韦方程等。通过解在一定边界条件下的这些微分方程或偏微分方程,就可以获得如应力、应变、温度、电势、磁场强度等信息。

然而,由于所研究对象的几何形状、载荷和材料性质等方面的复杂性,要在整个求解域上寻找满足上述微分方程的场函数往往比较困难[1],因而解析解常常无法得到。

为了使问题得到解答,寻找近似解是一种可行的办法。有限元法就是解决上述问题的一种数值近似方法[2]。该方法的基本思想是把一个连续体(因为研究对象的几何区域,往往很复杂)人为地分割为有限个单元(而每个单元几何形状很简单),单元之间有公共的边界和节点,也就是说一个复杂的几何区域由这些形状简单的单元集合替代,单元之间通过公共边和节点连接在一起[3]。经过这样处理后,就可以把上述的偏微分方程化成代数方程组,通过计算机进行求解,得到场变量在节点处的数值解(温度、应力等)。虽然用单元集合替代原来的几何体会导致一些误差,但只要单元划分足够细,误差就会相应地减小,并且随着计算机硬件水平的提高,因细化单元而带来的诸如存储空间、计算速度等问题也得到了解决,这种数值方法完全能够满足科研和工程的需要,因此该方法一经提出便在各领域得到飞速发展和广泛的应用[4]。

有限元法的核心思想是对连续体进行离散。而离散化这一思想可以追溯到20世纪40年代 A. Hrennikof 解决杆件系统而提出的矩阵分析法[5]。不过在该方法中,由于杆件是天然的离散单元,不是人为离散,因此还不是真正意义上的有限元法,但这一方法已开启了有限元方法的大门。真正的有限元方法,公认为1943年 Courant 提出的用定义在三角形域(即单元)上的分片连续函数和最小势能原理相结合求解 S. Venant 扭转问题[6]。这一方法奠定了现代有限元的雏形。而现代有限元的第一个成功尝试是 Tuner、Clough[7] 于1960年分析飞机结构时,用三角形单元求得了平面应力问题,并且 Clough 第一次提出了有限单元法这一名称[8]。

这一方法的提出，引起了广泛的关注，吸引了众多力学、数学方面的专家对此进行研究。数学家的研究表明，有限元方法可以应用于求解偏微分方程，可用于具有变分泛函的任何数学问题。从 1963 年到 1964 年，Besseling、B. H. Pian 等人的研究表明，有限元方法实际是弹性力学变分原理中 Rayleigh-Ritz 解法的一种形式，从而在理论上为有限元方法奠定了数学基础[9]。但与变分原理相比，有限元方法更灵活，适应性更强，计算精度更高。这一成果也大大刺激了变分原理的发展，先后出现了一系列基于变分原理的新型有限元模型，如混合元、非协调元、广义协调元等。1976 年 Zienkiewicz 和 Chueng 出版了第一本关于有限元分析的专著[10]。

20 世纪 70 年代后，有限元方法进一步发展，其应用范围扩展到所有工程领域，成为连续介质问题数值解法中最活跃的分支。近年来随着计算机技术的普及和计算速度的不断提高，有限元分析在工程设计和分析中得到了越来越广泛的重视，已经成为解决复杂工程分析计算问题的有效途径，从汽车到航天飞机几乎所有的设计制造都离不开有限元分析计算，其在机械制造、材料加工、航空航天、汽车、土木建筑、电子电器、国防军工、船舶、石化、能源等研究领域的广泛使用，已经使设计水平发生了质的飞跃。目前流行的有限元分析软件主要有 ANSYS、SAP、NASTRAN、ADINA、ABAQUS、MARC、COMSOL 等。并且有限元软件还和 CAD 软件无缝集成，使其具有更为强大的网格处理能力，使得有限元的应用具有无限广阔的空间。

1.2 离散杆件系统

有限元方法最早可追溯到矩阵法求解弹性杆件系统，由 A. Hrennikof 于 1941 年首次提出，虽然严格来讲，该方法还不是真正的有限元方法，但它已经体现了朴素的有限元思想，通过它可以比较形象地说明有限元的基本概念和解题步骤，因此我们首先介绍矩阵法。

1.2.1 单元受力分析

如图 1-1 所示一杆件系统，由若干杆件组成，每一根杆可看成一个单元，单元之间铰接在一起。系统在 O 点、a 点受到约束，b 点受到外力，在这种情况下，系统将受力并产生变形，下面采用矩阵分析法，求解系统的受力和位移。

由于是铰接，因此杆件所受到的力只有轴向力，我们任取一杆件 Op（编号③）并沿杆件轴向建立局部坐标系 $X'OY'$，如图 1-2 所示，X' 轴（杆件轴向）与整体坐标系 XOY 的 X 轴夹角为 θ。

我们首先在局部坐标 $X'OY'$ 中分析杆件的受力与变形情况。假设杆件在 O、p 两点所受的力分别为 P'_O 和 P'_p，产生的位移为 U'_O 和 U'_p，于是杆件在轴向伸长应为

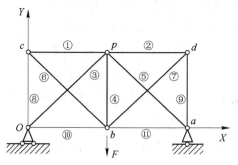

图 1-1 杆件系统

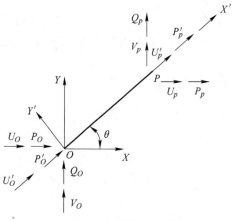

图 1-2 杆件受力分析

O、p 两点位移共同作用的结果，即：

$$\Delta U' = U'_p - U'_O \tag{1-1}$$

这样，杆件轴向应变为：

$$\varepsilon' = \frac{\Delta U'}{l} \tag{1-2}$$

式中，l 为杆件原始长度。

这样，O 点所受应力为：

$$\sigma'_O = \varepsilon' E \tag{1-3}$$

式中，E 为弹性模量。

如果杆件截面面积为 A 的话，O 点所受的力为：

$$P'_O = \sigma'_O A \tag{1-4}$$

由于杆件只受轴向力，且处于平衡状态，因此 p 点所受到的力和 O 点所受到的力大小相等方向相反，即：

$$P'_p = - P'_O \tag{1-5}$$

注意以上各式带有"一撇"上标的量均为局部坐标系下的量。

将式 1-4、式 1-5 综合起来，写成矩阵形式：

$$\begin{bmatrix} P'_O \\ P'_p \end{bmatrix} = \frac{AE}{l} \begin{bmatrix} 1 & -1 \\ -1 & 1 \end{bmatrix} \begin{bmatrix} U'_O \\ U'_p \end{bmatrix} \tag{1-6}$$

由于上述力均沿杆轴向，而沿杆垂直方向（Y'向）受力为零，如果把这个方向的力也考虑进去的话，则上式扩展为：

$$\begin{bmatrix} P'_O \\ Q'_O \\ P'_p \\ Q'_p \end{bmatrix} = \frac{AE}{l} \begin{bmatrix} 1 & 0 & -1 & 0 \\ 0 & 0 & 0 & 0 \\ -1 & 0 & 1 & 0 \\ 0 & 0 & 0 & 0 \end{bmatrix} \begin{bmatrix} U'_O \\ V'_O \\ U'_p \\ V'_p \end{bmatrix} \tag{1-7}$$

式中，Q'_O、Q'_p、V'_O、V'_p 分别为 O、p 两点在 Y' 方向上受到的力和产生的位移（图中未画出）。

为方便起见，将式 1-7 写成：

$$F^{e'} = K^{e'} \delta^{e'} \tag{1-8}$$

其中：

$$K^{e'} = \frac{AE}{l} \begin{bmatrix} 1 & 0 & -1 & 0 \\ 0 & 0 & 0 & 0 \\ -1 & 0 & 1 & 0 \\ 0 & 0 & 0 & 0 \end{bmatrix} \tag{1-9}$$

称为单元刚阵，上标 e' 表示一个局部坐标下的杆件单元。

1.2.2 局部坐标向整体坐标变换

式 1-7 是在杆件的局部坐标系下推导得到的，不同的杆件，局部坐标系是不同的，为此需要将局部坐标向整体坐标进行变换，让所有杆件均处于相同坐标系下，才能进行下一步的分析。

如图 1-2 所示，局部坐标系下 O 点和 p 点的位移 U'_O、V'_O、U'_p、V'_p 分解到整体坐标系下，分别为 U_O、V_O、U_p、V_p，它们之间存在如下变换关系：

$$\begin{bmatrix} U'_O \\ V'_O \\ U'_p \\ V'_p \end{bmatrix} = \begin{bmatrix} \cos\theta & \sin\theta & 0 & 0 \\ -\sin\theta & \cos\theta & 0 & 0 \\ 0 & 0 & \cos\theta & \sin\theta \\ 0 & 0 & -\sin\theta & \cos\theta \end{bmatrix} \begin{bmatrix} U_O \\ V_O \\ U_p \\ V_p \end{bmatrix} \tag{1-10}$$

节点力也存在类似关系：

$$\begin{bmatrix} P'_O \\ Q'_O \\ P'_p \\ Q'_p \end{bmatrix} = \begin{bmatrix} \cos\theta & \sin\theta & 0 & 0 \\ -\sin\theta & \cos\theta & 0 & 0 \\ 0 & 0 & \cos\theta & \sin\theta \\ 0 & 0 & -\sin\theta & \cos\theta \end{bmatrix} \begin{bmatrix} P_O \\ Q_O \\ P_p \\ Q_p \end{bmatrix} \quad (1-11)$$

将式 1-10、式 1-11 代入式 1-7 得：

$$\begin{bmatrix} P_O \\ Q_O \\ P_p \\ Q_p \end{bmatrix} = \frac{AE}{l} \begin{bmatrix} \cos\theta & \sin\theta & 0 & 0 \\ -\sin\theta & \cos\theta & 0 & 0 \\ 0 & 0 & \cos\theta & \sin\theta \\ 0 & 0 & -\sin\theta & \cos\theta \end{bmatrix}^{-1} \begin{bmatrix} 1 & 0 & -1 & 0 \\ 0 & 0 & 0 & 0 \\ -1 & 0 & 1 & 0 \\ 0 & 0 & 0 & 0 \end{bmatrix} \times$$

$$\begin{bmatrix} \cos\theta & \sin\theta & 0 & 0 \\ -\sin\theta & \cos\theta & 0 & 0 \\ 0 & 0 & \cos\theta & \sin\theta \\ 0 & 0 & -\sin\theta & \cos\theta \end{bmatrix} \begin{bmatrix} U_O \\ V_O \\ U_p \\ V_p \end{bmatrix} \quad (1-12)$$

令：

$$\lambda = \begin{bmatrix} \cos\theta & \sin\theta & 0 & 0 \\ -\sin\theta & \cos\theta & 0 & 0 \\ 0 & 0 & \cos\theta & \sin\theta \\ 0 & 0 & -\sin\theta & \cos\theta \end{bmatrix}$$

式 1-12 简写成：

$$F^e = \lambda^{-1} K^{e'} \lambda \delta^e \quad (1-13)$$

令：

$$K^e = \lambda^{-1} K^{e'} \lambda$$

则式 1-13 写成：

$$F^e = K^e \delta^e \quad (1-14)$$

为分析方便，将式 1-14 展开，并进行分块：

$$\begin{array}{c} & K_{11} & K_{12} \\ & \uparrow & \uparrow \end{array}$$

$$\begin{matrix} F_O \begin{cases} \\ \\ \end{cases} \\ F_p \begin{cases} \\ \\ \end{cases} \end{matrix} \begin{bmatrix} P_O \\ Q_O \\ \hline P_p \\ Q_p \end{bmatrix} = \begin{bmatrix} k_{11} & k_{12} & k_{13} & k_{14} \\ k_{21} & k_{22} & k_{23} & k_{24} \\ k_{31} & k_{32} & k_{33} & k_{34} \\ k_{41} & k_{42} & k_{43} & k_{44} \end{bmatrix} \begin{bmatrix} U_O \\ V_O \\ U_p \\ V_p \end{bmatrix} \begin{matrix} \} \Delta_O \\ \\ \} \Delta_p \\ \end{matrix} \quad (1-15)$$

$$\begin{array}{c} & \downarrow & \downarrow \\ & K_{21} & K_{22} \end{array}$$

与单元③类似，其他单元也可得到类似关系：
单元①
$$\begin{bmatrix} F_c^1 \\ F_p^1 \end{bmatrix} = \begin{bmatrix} K_{11}^1 & K_{12}^1 \\ K_{21}^1 & K_{22}^1 \end{bmatrix} = \begin{bmatrix} \Delta_c \\ \Delta_p \end{bmatrix} \qquad (1-16)$$

单元②
$$\begin{bmatrix} F_p^2 \\ F_d^2 \end{bmatrix} = \begin{bmatrix} K_{11}^2 & K_{12}^2 \\ K_{21}^2 & K_{22}^2 \end{bmatrix} = \begin{bmatrix} \Delta_p \\ \Delta_d \end{bmatrix} \qquad (1-17)$$

单元③
$$\begin{bmatrix} F_O^3 \\ F_p^3 \end{bmatrix} = \begin{bmatrix} K_{11}^3 & K_{12}^3 \\ K_{12}^3 & K_{22}^3 \end{bmatrix} = \begin{bmatrix} \Delta_O \\ \Delta_p \end{bmatrix} \qquad (1-18)$$

单元④
$$\begin{bmatrix} F_b^4 \\ F_p^4 \end{bmatrix} = \begin{bmatrix} K_{11}^4 & K_{12}^4 \\ K_{21}^4 & K_{22}^4 \end{bmatrix} = \begin{bmatrix} \Delta_b \\ \Delta_p \end{bmatrix} \qquad (1-19)$$

单元⑤
$$\begin{bmatrix} F_a^5 \\ F_p^5 \end{bmatrix} = \begin{bmatrix} K_{11}^5 & K_{12}^5 \\ K_{21}^5 & K_{22}^5 \end{bmatrix} = \begin{bmatrix} \Delta_a \\ \Delta_p \end{bmatrix} \qquad (1-20)$$

单元⑥
$$\begin{bmatrix} F_b^6 \\ F_c^6 \end{bmatrix} = \begin{bmatrix} K_{11}^6 & K_{12}^6 \\ K_{21}^6 & K_{22}^6 \end{bmatrix} = \begin{bmatrix} \Delta_b \\ \Delta_c \end{bmatrix} \qquad (1-21)$$

单元⑦
$$\begin{bmatrix} F_b^7 \\ F_d^7 \end{bmatrix} = \begin{bmatrix} K_{11}^7 & K_{12}^7 \\ K_{21}^7 & K_{22}^7 \end{bmatrix} = \begin{bmatrix} \Delta_b \\ \Delta_d \end{bmatrix} \qquad (1-22)$$

单元⑧
$$\begin{bmatrix} F_O^8 \\ F_c^8 \end{bmatrix} = \begin{bmatrix} K_{11}^8 & K_{12}^8 \\ K_{21}^8 & K_{22}^8 \end{bmatrix} = \begin{bmatrix} \Delta_O \\ \Delta_c \end{bmatrix} \qquad (1-23)$$

单元⑨
$$\begin{bmatrix} F_a^9 \\ F_d^9 \end{bmatrix} = \begin{bmatrix} K_{11}^9 & K_{12}^9 \\ K_{21}^9 & K_{22}^9 \end{bmatrix} = \begin{bmatrix} \Delta_a \\ \Delta_d \end{bmatrix} \qquad (1-24)$$

单元⑩
$$\begin{bmatrix} F_O^{10} \\ F_b^{10} \end{bmatrix} = \begin{bmatrix} K_{11}^{10} & K_{12}^{10} \\ K_{21}^{10} & K_{22}^{10} \end{bmatrix} = \begin{bmatrix} \Delta_O \\ \Delta_b \end{bmatrix} \qquad (1-25)$$

单元⑪

$$\begin{bmatrix} F_b^{11} \\ F_a^{11} \end{bmatrix} = \begin{bmatrix} K_{11}^{11} & K_{12}^{11} \\ K_{21}^{11} & K_{22}^{11} \end{bmatrix} = \begin{bmatrix} \Delta_b \\ \Delta_a \end{bmatrix} \tag{1-26}$$

1.2.3 节点平衡方程与整体刚度矩阵

前面的推导都是局限在一个单元内，而实际上节点往往不只为一个单元所拥有，如图 1-3a 所示，节点 p 同时为 5 个单元所拥有，因此，站在整体的高度，考虑单元节点力时应考虑所有拥有这个节点的单元的共同作用，各单元对节点 p 的作用力之和作用到 p 上的外力相平衡。

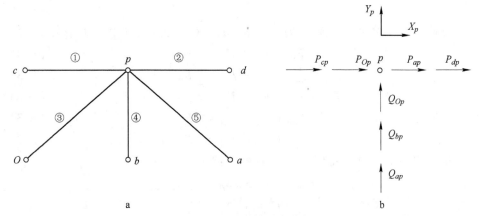

图 1-3 杆件整体受力分析

图 1-3b 中 p 点受到周围单元的作用力，各个力下标含义如下：以 P_{cp} 为例，cp 表示单元①上 p 点受到的力。图中 X_p、Y_p 为节点 p 所受到的外力（此时均为 0），p 点在这些力的作用下，处于平衡状态：

$$\begin{cases} P_{cp} + P_{Op} + P_{bp} + P_{ap} + P_{dp} + X_p = 0 \\ Q_{cp} + Q_{Op} + Q_{bp} + Q_{ap} + Q_{dp} + Y_p = 0 \end{cases} \tag{1-27}$$

参考式 1-15 的分块方法，将式 1-27 写成如下简洁形式：

$$F_{cp} + F_{Op} + F_{bp} + F_{ap} + F_{dp} + F_p = 0 \tag{1-28}$$

根据式 1-16～式 1-26 得到上述各力：

$$F_{Op} = F_p^3 = K_{21}^3 \Delta_O + K_{22}^3 \Delta_p$$
$$F_{cp} = F_p^1 = K_{21}^1 \Delta_c + K_{22}^1 \Delta_p$$
$$F_{ap} = F_p^5 = K_{21}^5 \Delta_a + K_{22}^5 \Delta_p$$
$$F_{dp} = F_p^2 = K_{11}^2 \Delta_p + K_{12}^2 \Delta_d$$
$$F_{bp} = F_p^4 = K_{21}^4 \Delta_b + K_{22}^4 \Delta_p$$

将上述各力代入式 1-28 得：

$$F_{cp} + F_{Op} + F_{bp} + F_{ap} + F_{dp} = -F_p \tag{1-29}$$

$(K_{11}^2 + K_{22}^1 + K_{22}^3 + K_{22}^4 + K_{22}^5)\Delta_p + K_{21}^1\Delta_c + K_{21}^3\Delta_O + K_{21}^4\Delta_b + K_{21}^5\Delta_a + K_{12}^2\Delta_d = -F_p$

写成矩阵形式：

$$[(K_{11}^2 + K_{22}^1 + K_{22}^3 + K_{22}^4 + K_{22}^5) \quad K_{21}^1 \quad K_{21}^3 \quad K_{21}^4 \quad K_{21}^5 \quad K_{12}^2] \begin{bmatrix} \Delta_p \\ \Delta_c \\ \Delta_O \\ \Delta_b \\ \Delta_a \\ \Delta_d \end{bmatrix} = -F_p$$

(1-30)

对于其他节点（次序依次为 c、O、b、a、d），也存在节点力和外力平衡关系：

$$F_{Oc} + F_{bc} + F_{pc} = -F_c \tag{1-31}$$

$$F_{bO} + F_{cO} + F_{pO} = -F_O \tag{1-32}$$

$$F_{Ob} + F_{cb} + F_{pb} + F_{db} + F_{ab} = -F_b \tag{1-33}$$

$$F_{da} + F_{ba} + F_{pa} = -F_a \tag{1-34}$$

$$F_{pd} + F_{bd} + F_{ad} = -F_d \tag{1-35}$$

根据式 1-16~式 1-27，求出上述各力：

$$F_{Oc} = F_c^8 = K_{21}^8\Delta_O + K_{22}^8\Delta_c$$

$$F_{bc} = F_c^6 = K_{21}^6\Delta_b + K_{22}^6\Delta_c$$

$$F_{pc} = F_c^1 = K_{11}^1\Delta_c + K_{12}^1\Delta_p$$

$$F_{bO} = F_O^{10} = K_{11}^{10}\Delta_O + K_{12}^{10}\Delta_b$$

$$F_{cO} = F_O^8 = K_{11}^8\Delta_O + K_{12}^8\Delta_c$$

$$F_{pO} = F_O^3 = K_{11}^3\Delta_O + K_{12}^3\Delta_p$$

$$F_{Ob} = F_b^{10} = K_{21}^{10}\Delta_O + K_{22}^{10}\Delta_b$$

$$F_{cb} = F_b^6 = K_{11}^6\Delta_b + K_{12}^6\Delta_c$$

$$F_{pb} = F_b^4 = K_{11}^4\Delta_b + K_{12}^4\Delta_p$$

$$F_{db} = F_b^7 = K_{11}^7\Delta_b + K_{12}^7\Delta_d$$

$$F_{ab} = F_b^{11} = K_{11}^{11}\Delta_b + K_{12}^{11}\Delta_a$$

$$F_{pa} = F_a^5 = K_{11}^5\Delta_a + K_{12}^5\Delta_p$$

$$F_{da} = F_a^9 = K_{11}^9\Delta_a + K_{12}^9\Delta_d$$

$$F_{ba} = F_a^{11} = K_{21}^{11}\Delta_b + K_{22}^{11}\Delta_a$$

$$F_{pd} = F_d^2 = K_{21}^2\Delta_p + K_{22}^2\Delta_d$$

$$F_{bd} = F_d^7 = K_{21}^7\Delta_b + K_{22}^7\Delta_d$$

$$F_{ad} = F_d^9 = K_{21}^9\Delta_a + K_{22}^9\Delta_d$$

将这些力代入式 1-31 ~ 式 1-35：

$$K_{12}^1 \Delta_p + (K_{11}^1 + K_{22}^6 + K_{22}^8) \Delta_c + K_{21}^8 \Delta_O + K_{21}^6 \Delta_b = -F_c \quad (1-36)$$

$$K_{12}^3 \Delta_p + K_{12}^8 \Delta_c + (K_{11}^3 + K_{11}^8 + K_{11}^{10}) \Delta_O + K_{12}^{10} \Delta_b = -F_O \quad (1-37)$$

$$K_{12}^4 \Delta_p + K_{12}^6 \Delta_c + K_{21}^{10} \Delta_O + (K_{11}^4 + K_{11}^6 + K_{11}^7 + K_{11}^{11} + K_{22}^{10}) \Delta_b + K_{12}^{11} \Delta_a + K_{12}^7 \Delta_d = -F_b$$
$$(1-38)$$

$$K_{12}^5 \Delta_p + K_{21}^{11} \Delta_b + (K_{11}^5 + K_{11}^9 + K_{22}^{11}) \Delta_a + K_{12}^9 \Delta_d = -F_a \quad (1-39)$$

$$K_{21}^2 \Delta_p + K_{21}^7 \Delta_b + K_{21}^9 \Delta_a + (K_{22}^2 + K_{22}^7 + K_{22}^9) \Delta_d = -F_d \quad (1-40)$$

再加上式 1-30，将它们写成矩阵形式：

$$\begin{bmatrix} K_{11}^1 + K_{22}^2 + K_{22}^4 + K_{22}^5 & K_{21}^1 & K_{21}^3 & K_{21}^4 & K_{21}^5 & K_{12}^2 \\ K_{12}^1 & K_{11}^1 + K_{22}^6 + K_{22}^8 & K_{21}^8 & K_{21}^6 & & \\ K_{12}^3 & K_{12}^8 & K_{11}^3 + K_{11}^8 + K_{11}^{10} & K_{21}^{10} & & \\ K_{12}^4 & K_{12}^6 & K_{21}^{10} & K_{11}^4 + K_{11}^6 + K_{11}^7 + K_{11}^{11} + K_{22}^{10} & K_{21}^{11} & K_{12}^7 \\ K_{12}^5 & & & K_{12}^{11} & K_{11}^5 + K_{11}^9 + K_{21}^{11} & K_{12}^9 \\ K_{21}^2 & & & K_{21}^7 & K_{21}^9 & K_{22}^2 + K_{22}^7 + K_{22}^9 \end{bmatrix} \times$$

$$\begin{bmatrix} \Delta_p \\ \Delta_c \\ \Delta_O \\ \Delta_b \\ \Delta_a \\ \Delta_d \end{bmatrix} = \begin{bmatrix} T_p \\ T_c \\ T_O \\ T_b \\ T_a \\ T_d \end{bmatrix} \quad (1-41)$$

这里为方便起见，令 $T_p = -F_p$，其余类似。式 1-41 可简写成：

$$K\delta = T \quad (1-42)$$

这样就得到了杆件结构所受外力和节点位移之间的方程，而 **K** 就称为总体刚度矩阵，是联系外力和位移的纽带，是由各个单元刚度矩阵叠加而成的。这里由于单元和节点较少，可以凭肉眼直观地叠加生成，但当单元较多时，这一工作很难靠人工完成，需要通过计算机按一定的程序进行处理。

1.2.4 边界条件的施加

由于杆件结构的一些节点受到位移约束和外力作用，因此在求解式 1-41 之前，还须把这些边界条件施加到相应节点上，否则方程无解，因为没有约束的结构，位移是任意的。在图 1-1 中，b 点受到外力 F；O 点的位移 $\Delta_O = 0$，即 $U_O = 0$、$V_O = 0$；在 a 点 $V_a = 0$，这些都作为系统的约束条件，要施加到方程中。为此，需将式 1-41 展开。注意式 1-41 中矩阵为 6×6 阶，而每个矩阵又是 2×2 的子阵（具体参见式 1-15），因此展开的话，最终整体刚度矩阵规模为 12×12，可以假设最终展开结果为式 1-43：

$$\begin{bmatrix} k_{11} & k_{12} & k_{13} & k_{14} & k_{15} & k_{16} & k_{17} & k_{18} & k_{19} & k_{1,10} & k_{1,11} & k_{1,12} \\ k_{21} & k_{22} & k_{23} & k_{24} & k_{25} & k_{26} & k_{27} & k_{28} & k_{29} & k_{2,10} & k_{2,11} & k_{2,12} \\ k_{31} & k_{32} & k_{33} & k_{34} & k_{35} & k_{36} & k_{37} & k_{38} & k_{39} & k_{3,10} & k_{3,11} & k_{3,12} \\ k_{41} & k_{42} & k_{43} & k_{44} & k_{45} & k_{46} & k_{47} & k_{48} & k_{49} & k_{4,10} & k_{4,11} & k_{4,12} \\ k_{51} & k_{52} & k_{53} & k_{54} & k_{55} & k_{56} & k_{57} & k_{58} & k_{59} & k_{5,10} & k_{5,11} & k_{5,12} \\ k_{61} & k_{62} & k_{63} & k_{64} & k_{65} & k_{66} & k_{67} & k_{68} & k_{69} & k_{6,10} & k_{6,11} & k_{6,12} \\ k_{71} & k_{72} & k_{73} & k_{74} & k_{75} & k_{76} & k_{77} & k_{78} & k_{79} & k_{7,10} & k_{7,11} & k_{7,12} \\ k_{81} & k_{82} & k_{83} & k_{84} & k_{85} & k_{86} & k_{87} & k_{88} & k_{89} & k_{8,10} & k_{8,11} & k_{8,12} \\ k_{91} & k_{92} & k_{93} & k_{94} & k_{95} & k_{96} & k_{97} & k_{98} & k_{99} & k_{9,10} & k_{9,11} & k_{9,12} \\ k_{10,1} & k_{10,2} & k_{10,3} & k_{10,4} & k_{10,5} & k_{10,6} & k_{10,7} & k_{10,8} & k_{10,9} & k_{10,10} & k_{10,11} & k_{10,12} \\ k_{11,1} & k_{11,2} & k_{11,3} & k_{11,4} & k_{11,5} & k_{11,6} & k_{11,7} & k_{11,8} & k_{11,9} & k_{11,10} & k_{11,11} & k_{11,12} \\ k_{12,1} & k_{12,2} & k_{12,3} & k_{12,4} & k_{12,5} & k_{12,6} & k_{12,7} & k_{12,8} & k_{12,9} & k_{12,10} & k_{12,11} & k_{12,12} \end{bmatrix} \begin{bmatrix} U_p \\ V_p \\ U_c \\ V_c \\ U_O \\ V_O \\ U_b \\ V_b \\ U_a \\ V_a \\ U_d \\ V_d \end{bmatrix} = \begin{bmatrix} P_p \\ Q_p \\ P_c \\ Q_c \\ P_O \\ Q_O \\ P_b \\ Q_b \\ P_a \\ Q_a \\ P_d \\ Q_d \end{bmatrix}$$

(1–43)

施加位移边界条件步骤如下：（1）对 O 点施加位移边界条件，此时应把 $U_O=0$、$V_O=0$，在刚度矩阵所在行的对角线元素 k_{55}、k_{66} 换成一个极大的数，比如 $k_{55}\times 10^8$、$k_{66}\times 10^8$，然后把 U_O、V_O 对应的载荷列阵 P_O、Q_O 换成 $k_{55}\times 10^8 \times U_O$、$k_{66}\times 10^8 \times V_O$ 即可，其他节点位移边界条件处理与此类似；（2）对 b 点施加力的边界条件，b 点受到外力 F，力的边界条件的施加是将 Q_b 换成 F；（3）其他节点如果没有位移约束也不受外力的话（例如 p 点），则力的边界条件为 $P_p=0$、$Q_p=0$。施加完边界条件后，就可以求解式 1-43，得到杆件系统的节点力和节点位移。

通过以上过程，我们大体了解了矩阵分析法的基本过程：它是从一个单元出发，通过杆件受力平衡条件得到单元节点力和节点位移的关系，这两者的关系是通过单元刚度矩阵联系的；然后再通过节点整体受力平衡得到节点外力和节点位移之间的关系，而这一关系是通过整体刚度矩阵来联系的，整体刚度矩阵是单元刚度矩阵的叠加，并具有对称性。

然而该方法还不是真正的有限元方法。有限元方法的核心思想之一，就是把一个连续的求解域（温度场、电场等）人为地分割（离散）成许多小区域（单元），而矩阵法中，杆件系统是一个天然的离散系统，每一个杆件自然成为一个单元，不需要人为地离散，这是二者最大的不同；除了这一点外，其余的求解过程二者大体相同，只不过矩阵法求解的结果是精确的，而有限元方法求解的结果是近似的。下一节我们就以二维热传导为例，说明真正的有限元方法和求解过程。

1.3 连续系统

1.3.1 有限与无限

本节所举的是一个二维热传导例子。如图 1-4a 所示，在 XOY 平面上有一个

连续区域 Ω,内部存在着一定的温度分布,边界 Γ_T 上的温度为给定值 $\overline{T}(x,y)$ 边界 Γ_q 上给定热流密度 q_1,如果温度场用函数 $T(x,y)$ 表示的话,当温度场处于稳态时, $T(x,y)$ 满足如下偏微分方程[11]:

$$\frac{\partial}{\partial x}\left(k\frac{\partial T}{\partial x}\right)+\frac{\partial}{\partial y}\left(k\frac{\partial T}{\partial y}\right)+q=0 \tag{1-44}$$

式中,k 为材料热传导系数,W/(m²·K);q 为区域内热源强度,即单位时间单位面积内产生的热量,W/m²。

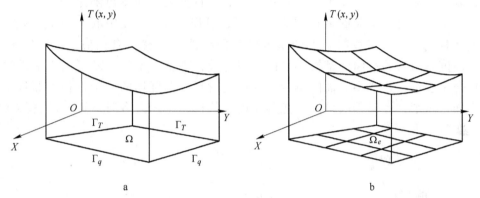

图 1-4 二维温度场
a—真实温度场;b—温度场近似解

在边界 Γ_T 上存在第一类边界条件:

$$T(x,y) = \overline{T}(x,y) \tag{1-45}$$

在边界 Γ_q 上存在第二类边界条件:

$$k\frac{\partial T}{\partial n} = q_1 \tag{1-46}$$

式中,q_1 为边界热流密度,J/(m·s)。

当问题不复杂时,解式 1-44~式 1-46 可以得到问题的解析解。但实践中遇到的问题往往很复杂,偏微分方程很难求解,因此往往得不到解析解,这导致很多问题得不到解决。在这种情况下,寻找 $T(x,y)$ 的近似解就成为必然的选择。近似解都有一定的误差,但只要处理得当,仍能在一定程度上接近真解。

如何寻找近似解呢?要回答这个问题,我们首先要了解一下什么是真实解,或者说什么情况下能得到真实解。温度场 $T(x,y)$ 在几何上可以用三维空间曲面表示,如图 1-4 所示。从数学角度讲,区域 Ω 是由无数个点组成的,要想知道温度场的真实解,就必须知道这无数个点的温度,才能绘出图 1-4a 所示的空间曲面,即真实解。当然我们知道,在现实中要得到无数个点的温度是不可能的。

但是，如果能得到有限个点的温度情况会怎么样呢？我们通过测量等方法可以得到求解域内有限个点的温度，通过有限个点的温度，我们就可以找到温度场的近似解，具体方法如下：

将图 1-4a 中的区域 Ω，人为地分割为许多子区域 Ω_e，这些小区域在有限元中称为单元（element），线的交叉点称为节点（node），而这一划分过程称为离散[12]。这样一来，整个温度场曲面也相应被分割为许多小曲面，如图 1-4b 所示，小曲面的大小和曲率与所对应的单元大小有很大关系，当单元划分很多（或者说单元尺寸很小）时，小曲面及其曲率也随之变小，当小到一定程度时，小曲面可近似看成平面，可以用图 1-5a 中的平面 $T_1T_2T_3T_4$ 近似替代，这与高等数学中的函数增量用线性主部替代有相似之处[13]。整个温度场所有的小曲面都被小平面近似替代，则整个温度场就可用小平面的集合来表示，这些小平面的集合可看成是对真实温度场的一个近似，而且单元划分越细，近似程度越高，尤其当单元数目趋于无穷多时，近似解就等于真实解。

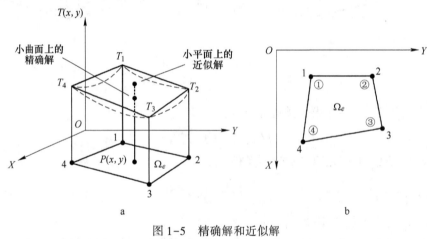

图 1-5 精确解和近似解
a—单元温度场近似解；b—离散单元

既然温度曲面可以用小平面集合替代，那么得到小平面的解析方程就成为解决问题的关键。严格来讲，"小平面"这样的叫法并不科学，因为 $T_1T_2T_3T_4$ 一般不共面，这样称呼是为了叙述方便，以后为讨论方便仍这样称呼。由于 $T_1T_2T_3T_4$ 不共面，因此就不能采用高等数学中常规的方法求小平面方程，而要通过其他方法找到小平面的解析方程。

1.3.2 近似解

如上所述，用小平面代替曲面后，如果能确定这个小平面方程，那么就能得到温度场的近似解，那么如何确定小平面方程呢？

我们知道，在高等数学中一个函数 $f(x)$ 如果连续可微的话，可以在某一点 x_0 的邻域内对其进行泰勒展开[14]：

$$f(x) = f(x_0) + f'(x_0)(x-x_0) + \frac{1}{2!}f''(x_0)(x-x_0)^2 + \cdots + \frac{1}{n!}f^{(n)}(x_0)(x-x_0)^n + \cdots$$

特别是当 $x=0$ 时：

$$f(x) = f(0) + f'(0)x + \frac{1}{2!}f''(0)x^2 + \cdots + \frac{1}{n!}f^{(n)}(0)x^n + \cdots \quad (1-47)$$

观察上式我们发现，等号右边是多项式函数 x^i（$i=1, 2, \cdots$）的线性组合。这就启发我们：一个复杂的函数是否可用多个简单函数的线性组合来表示呢？答案是肯定的，高等数学和很多学科早已证明并实践了这种思想。比如：计算机中计算三角函数时，就是将它表示为多项式的和进行计算的；电学和光学中的傅里叶分析，也是把复杂光电信号表示为三角函数的线性组合；量子力学里的波函数是由许多简单基函数线性叠加而成的等。因此我们完全有理由将上述温度场用某些简单函数的线性组合来表示，只不过要扩展为二维。

为了做到这一点，我们将图 1-5b 中区域 Ω 内的节点编号，并且假设已经知道了节点温度的精确解 $T_i(i=1, \cdots, n)$（如何得到精确解，将在第 3 章论述），于是根据上述思想，整个求解区域 Ω 内的温度场精确解就可以用简单函数的线性组合来表示：

$$T(x, y) = N_1(x, y)T_1 + N_2(x, y)T_2 + \cdots + N_n(x, y)T_n + \cdots \quad (1-48)$$

$N_i(x, y)$（$i=1, 2, \cdots$）就是一组无穷多的简单函数，而待定系数 T_i 就是节点的温度。由于上式等号右方要取无穷多项来表示精确解，因此节点温度也必须取无穷多，这正是我们在 1.2.1 节中讨论如何得到精确解时所得的结论。

在实际计算时，等号右边不可能取无限多项，一般取 n 项，于是式 1-48 变为：

$$T(x, y) \approx \widetilde{T}(x, y) = \sum_{i=1}^{n} N_i(x, y)T_i \quad (1-49)$$

$\widetilde{T}(x, y)$ 就是温度场的近似解。由于 $\widetilde{T}(x, y)$ 中只包含有限项，因此节点温度可以取有限个，这样就把一个具有无限自由度的问题，转化为具有有限个自由度的问题，使问题的解决成为可能。有限元法的"有限"一词的含义既是指此。

由此可见，只要确定了 n 个节点的温度 $T_i(i=1, \cdots, n)$，就可以得到温度场的近似解。当然，近似解 $\widetilde{T}(x, y)$ 与真实解 $T(x, y)$ 之间存在误差，但只要使方程 1-49 中项数 n 足够多，误差就会越来越小，尤其当 n 取无穷项时，误差为零。

式 1-49 中 $N_i(x, y)$（$i=1, 2, \cdots, n$）是一组简单的函数，称为基函数、

试探函数、权函数或形函数等，本书统一称为形函数。作为形函数它必须具备这样的性质：

$$N_i(x_j, y_j) = \begin{cases} 1, & i = j \\ 0, & i \neq j \end{cases} \quad (i, j = 1, 2, \cdots, n) \tag{1-50}$$

这是因为，近似解 $\widetilde{T}(x, y)$ 是通过节点温度精确解 T_i ($i=1, \cdots, n$) 得到的，因此 $\widetilde{T}(x, y)$ 应能反映这一事实，因此当式 1-50 中的自变量 (x, y) 取为节点坐标，即当 $x=x_i$、$y=y_i$ 时：

$\widetilde{T}(x_i, y_i) = N_1(x_i, y_i)T_1 + N_2(x_i, y_i)T_2 + \cdots + \underline{N_i(x_i, y_i)T_i} + \cdots + N_n(x_i, y_i)T_n$

根据式 1-50 形函数的性质，只有带有下划线的那一项不为零，这样就有 $\widetilde{T}(x_i, y_i) = T_i$，即通过近似函数 $\widetilde{T}(x, y)$ 求节点温度，应该能得到节点温度的精确解，而在节点以外的地方，如图 1-5a 中的 p 点，通过 $\widetilde{T}(x, y)$ 求解就只能得到近似温度。这种计算称为插值计算，因此 $\widetilde{T}(x, y)$ 又称为插值函数[15]。插值函数和形函数是有限元的灵魂，以后大家会看到，整个有限元的计算，就是围绕如何构造形函数和插值函数进行的。

式 1-49 适合整个区域 Ω，自然也适用于区域中的每个子区域，即单元，下面我们就探讨一下 1.3.1 节中提到的小平面的解析方程的形式。在图 1-4b 中，取任意单元 e，单元内的温度场近似函数为：

$$\widetilde{T}^e = \sum_{i=1}^{4} N_i(x, y) T_i^e \tag{1-51}$$

此处注意符号的变化：$\widetilde{T}^e(x, y)$ 的上标 e 表示求解域为 Ω_e 或单元 e，波浪线表示是近似解，即 $\widetilde{T}^e(x, y)$ 是单元 e 内温度场的近似解。细心的读者可能会发现，等号右边求和项由原来的 n 项，变为 4 项，这是因为单元 e 有 4 个节点的缘故。另外，T_i^e (i=①、②、③、④) 的下标表示的是单元的局部编号，用圆圈数字表示，如图 1-5b 所示；而式 1-49 中的 T_i ($i=1, 2, 3, \cdots, n$) 的下标则是整体编号，也就是说，同一节点既有整体编号也有局部编号，一般来说，整体编号和局部编号是不同的（本书碰巧相同），在讨论整个求解区域时使用整体编号，而讨论某一单元时使用局部编号，本书以后所有讨论皆遵循这一原则，但有时为了表达简洁，可能略去 T_i^e 的上标 e，请读者注意。

由以上讨论可知，如果式 1-51 中的 T_1^e、T_2^e、T_3^e、T_4^e 能确定的话，那么 $\widetilde{T}^e(x, y)$ 就确定了，区域 Ω_e 的温度场的近似解就找到了，其他单元也做如此处理，汇合起来就得到了整个温度场的近似解。显然，要确定 T_1^e、T_2^e、T_3^e、T_4^e，必须存在一个关于它们的方程组,如何得到这样的方程组,将在第3章详细讨论。

通过此例,我们对有限元思想有了初步的了解,核心思想就是:化整为零和化零为整。所谓化整为零,就是将一个复杂的待求解问题(空间上或时间上的),分割成许多小区域(单元),也就是进行所谓的离散;离散后,虽然总体问题很复杂,但在每个小单元上,复杂的非线性问题可以简化为线性问题,然后用比较简单的形函数 $N_i(x, y)$ (如何构造或选择形函数将在第2章讨论)进行线性组合(得到式1-48或式1-49,此处的节点温度 T_i^e 可看做系数)得到温度场的近似解 $\tilde{T}^e(x, y)$,这就是化整为零的过程;而化零为整,就是将所有单元的近似解汇集起来(汇集是通过单元刚度矩阵叠加实现的,叠加方法将在第3章详细介绍),就得到了整个求解域的近似解。这种思想实际上在我国古代就已有之,比如我国古代数学家刘徽采用割圆法求圆周率、曹冲称象等都体现了这种思想。

由于式1-48或式1-49中都涉及节点温度 T_i,所以要得到温度场近似解就需要先确定这些节点温度(或者称为待定系数),而求出这些节点温度正是有限元的任务。

参考文献

[1] 梁醒培,王辉. 应用有限元分析 [M]. 北京:清华大学出版社,2010.
[2] Dary L Logan. 有限元方法基础教程(A First Course in the Finite Element Method, Third Edition)[M]. 3版. 吴永礼,译. 北京:电子工业出版社,2003.
[3] 周博薛,薛世峰. 基于Matlab的有限元法与ANSYS应用 [M]. 北京:科学出版社,2015.
[4] 高耀东,张玉宝,任学平. 有限元理论及ANSYS应用 [M]. 北京:电子工业出版社,2016.
[5] 张洪信,管殿柱. 有限元基础理论与ANSYS11应用 [M]. 北京:机械工业出版社,2009.
[6] Courant R. Variational methods for the solution of problems of equilibrium and vibrations [J]. Bulletin of the American Mathematical Society, 1943, 49: 1~23.
[7] 徐芝纶. 弹性力学简明教程 [M]. 北京:高等教育出版社,2004.
[8] 王勖成,邵敏. 有限单元法基本原理和数值方法 [M]. 北京:高等教育出版社,1999.
[9] 彭细荣,杨庆生,孙卓. 有限单元法及其应用 [M]. 北京:清华大学出版社,2012.
[10] Zienkiewicz O C, Tayer R L. 有限元方法(第1卷)[M]. 5版. 曾攀,译. 北京:清华大学出版社,2008.
[11] 张洪济. 热传导 [M]. 北京:高等教育出版社,1992.

[12] 王新荣,陈永波. 有限元法基础及 ANSYS 应用 [M]. 北京:科学出版社,2008.
[13] 林锰,于涛. 微积分教程 [M]. 哈尔滨:哈尔滨工程大学出版社,2011.
[14] 蒋兴国,吴延东. 高等数学(经济类)[M]. 3 版. 北京:机械工业出版社,2011.
[15] Liu G R, Quek S S. 有限元使用教程 [M]. 龙述尧,侯淑娟,钱长照,译. 长沙:湖南大学出版社,2004.

2 单元和形函数

由上一章可知,有限元的基本思想是把一个连续求解域用单元的集合来替代,并在单元上构造形函数,用形函数的线性组合表示近似解。因此,单元和形函数是有限元分析的核心,单元的种类、大小、形状等特性对近似解(插值函数)有很大的影响,因此在对有限元基本理论进行深入讲解之前,有必要介绍一下各类单元以及形函数。以下所介绍的单元均以热传导为例,场变量为温度。

2.1 一维单元

2.1.1 拉格朗日单元

根据单元几何形状,单元大体可分为一维单元、二维单元和三维单元。图2-1 所示为常用的一维单元[1],形状比较简单,一般为两节点线段。有时为了提高精度,在单元中点处增加一个节点,有时为了适合曲线边界采取曲线单元。

图 2-1 一维单元
a—两节点单元;b—三节点单元;c—曲线单元

我们以两节点单元为研究对象,仍以热传导为例。如图2-2所示,设单元两节点 1 和 2(注意为局部编号,以后均如此)的坐标以及温度分别为:x_1,T_1^e 和 x_2,T_2^e,在单元上任取一点 k,设其坐标和温度分别为:x,T^e。

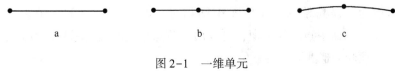

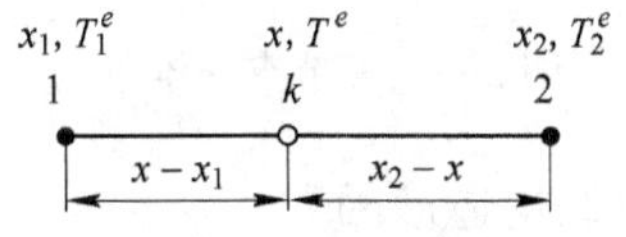

图 2-2 两节点一维单元

仿照式1-49写出单元温度场插值函数,由于式1-49包含四个节点,而一维单元只包含两个节点，因此温度场近似解为两项和：

$$T^e(x) = N_1(x)T_1^e + N_2(x)T_2^e \tag{2-1}$$

$N_1(x)$、$N_2(x)$ 就是形函数，和式 1-50 类似，它们具有如下性质：

$$N_i(x_j) = \begin{cases} 1, & i = j \\ 0, & i \neq j \end{cases} \quad (i, j = 1, 2) \tag{2-2}$$

下面我们要构造形函数 $N_i(x)$。可采用拉格朗日插值函数[2]，即：

$$N_i(x) = \prod_{j=1, j \neq i}^{n} \frac{x - x_j}{x_i - x_j} \tag{2-3}$$

令 i 分别等于 1 和 2，就得到了 1、2 点的形函数：

$$\begin{cases} N_1(x) = \dfrac{x - x_2}{x_1 - x_2} \\ N_2(x) = \dfrac{x - x_1}{x_2 - x_1} \end{cases} \tag{2-4}$$

可以验证这两个函数完全满足式 2-2 的要求。

将式 2-4 代入式 2-1 可得温度场插值函数：

$$T^e(x) = \frac{x - x_2}{x_1 - x_2}T_1^e + \frac{x - x_1}{x_2 - x_1}T_2^e \tag{2-5}$$

这就是一维热传导问题单元的近似温度场，每个单元均如此构造，则整个求解域的温度场就得到了。

有时候为了提高精度，在单元中间增加一个节点，变为三节点单元，如图 2-3 所示。和两节点单元类似，可写出三节点单元的插值函数，因节点数为三个，故为三项和的形式：

$$T^e(x) = N_1(x)T_1^e + N_2(x)T_2^e + N_3(x)T_3^e \tag{2-6}$$

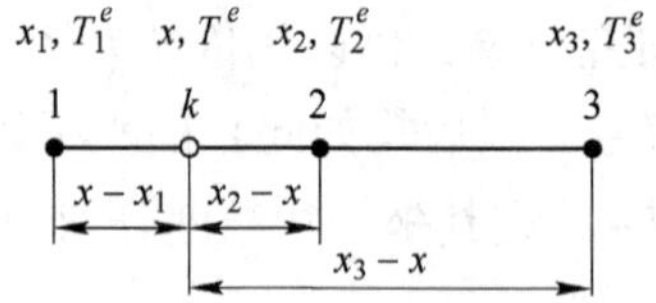

图 2-3 三节点一维单元

仍然按照式 2-3 拉格朗日方法构造形函数，令：

$$N_i(x) = \prod_{j=1, j \neq i}^{n} \frac{x - x_j}{x_i - x_j} \tag{2-7}$$

此时 $n = 2$。令 i 分别等于 1、2、3，即得到 1、2、3 点的形函数：

$$\begin{cases} N_1(x) = \dfrac{x-x_2}{x_1-x_2}\dfrac{x-x_3}{x_1-x_3} \\ N_2(x) = \dfrac{x-x_1}{x_2-x_1}\dfrac{x-x_3}{x_2-x_3} \\ N_3(x) = \dfrac{x-x_1}{x_3-x_1}\dfrac{x-x_2}{x_3-x_2} \end{cases} \quad (2-8)$$

代入式 2-6 就得到三节点一维单元的插值函数。

上述概念可扩展到有 n 个节点的情况，此时形函数形如：

$$N_i(x) = \prod_{j=1,j\neq i}\dfrac{x-x_j}{x_i-x_j} = \dfrac{(x-x_1)(x-x_2)\cdots(x-x_{i-1})(x-x_{i+1})\cdots(x-x_n)}{(x_i-x_1)(x_i-x_2)\cdots(x_i-x_{i-1})(x_i-x_{i+1})\cdots(x_i-x_n)}$$
$$(i=1,2,\cdots,n)$$

从以上两种单元形函数的构造过程我们可以总结出如下规律：以式 2-8 中的 $N_1(x)$ 为例观察发现，$N_1(x)$ 函数的分子为任一点 k 的坐标 x 和除了节点 1 以外其他节点（即节点 2、3）的距离 $(x-x_2)$、$(x-x_3)$ 的连乘，而分母为节点 1 与除节点 1 以外其他节点（仍为节点 2、3）之距离 (x_1-x_2)、(x_1-x_3) 的连乘，式 2-4 也是如此，读者可自行验证。这种思想可以扩展到二维和三维，这在后面的二维矩形单元和三维六面体单元中会得到体现。

比较两节点温度场函数式 2-1 和三节点单元温度场式 2-6 可知，两节点单元为线性函数，三节点为非线性函数，因此对于两节点单元，其温度场的一阶导数，即温度梯度是常数，这与实际情况有一定的偏差，而三节点单元温度场的温度梯度不是常数，比较接近实际情况，因此精度高一些，可见插值函数的阶次影响了精度的高低。

以上单元形函数是采用拉格朗日多项式构造的，因此称为拉格朗日单元，它是构造形函数的最基本方法，这种方法可以扩展到二维和三维。

2.1.2 Hermite 单元

式 2-5 只包含单元节点温度。由于相邻单元共用一个节点，因此场变量的近似解是连续分布的函数，即单元是 C^0 阶连续的。有的时候，由于某种需要，除了要求单元 C^0 阶连续，还要求场变量的一阶导数连续分布，即要求单元 C^1 阶连续，这时单元近似解（以后称插值函数）式 2-5 变为：

$$T^e(x) = N_1^0(x)T_1 + N_2^0(x)T_2 + N_1^1(x)\left.\dfrac{\mathrm{d}T}{\mathrm{d}x}\right|_{x=x_1} + N_2^1(x)\left.\dfrac{\mathrm{d}T}{\mathrm{d}x}\right|_{x=x_2}$$

式中，$\left.\dfrac{\mathrm{d}T}{\mathrm{d}x}\right|_{x=x_1}$、$\left.\dfrac{\mathrm{d}T}{\mathrm{d}x}\right|_{x=x_2}$ 分别为温度场在节点 1 和 2 的导数；$N_1^0(x)$、$N_2^0(x)$、$N_1^1(x)$、$N_2^1(x)$ 分别为形函数，要求满足如下条件：

$$N_i^0(x_j) = \delta_{ij}, \quad \left.\frac{dN_i^1(x)}{dx}\right|_{x=x_j} = \delta_{ij} \quad (i, j = 1, 2)$$

要满足上面条件，可构造 $N_1^0(x)$、$N_2^0(x)$、$N_1^1(x)$、$N_2^1(x)$ 如下：

$$N_1^0(x) = 1 - 3\xi^2 + 2\xi^3$$
$$N_2^0(x) = 3\xi^2 - 2\xi^3$$
$$N_1^1(x) = \xi - 2\xi^2 + \xi^3$$
$$N_2^1(x) = \xi^3 - \xi^2$$

其中，$\xi = \dfrac{x - x_1}{x_2 - x_1}$。

由于本书尚未涉及单元 C^1 阶连续问题，因此这部分内容不做过多介绍，读者若有兴趣请参考相关文献。

2.2 二维单元

2.2.1 三角形单元

三角形单元，最大的优势是能够适应曲线边界，如图 2-4 所示，但其缺点是精度较低，图 2-5 是常用的三角形单元[2]。

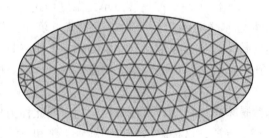

图 2-4 用三角形单元离散的区域

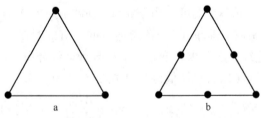

图 2-5 三角形单元
a—三节点三角形单元；b—六节点三角形单元

如图 2-6 所示，现取一三角形单元 imj 进行研究，仍以热传导为例，设三角形三个节点的温度分别为 T_i、T_j、T_m。仿照一维问题，我们不妨设三角形温度场插值函数为：

$$T^e(x, y) = N_i(x, y)T_i^e + N_m(x, y)T_m^e + N_j(x, y)T_j^e \quad (2-9)$$

$N_i(x, y)(i = i, j, m)$ 为形函数，并且：

$$N_i(x_j, y_j) = \delta_{ij} \quad (i, j = i, m, j)$$

要构造这样的函数，可以采用简便的面积坐标方法。

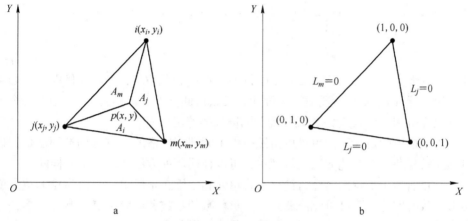

图 2-6 三角形单元面积坐标

如图 2-6a 所示，p 为三角形内任意一点，它与三个顶点连接形成的三条连线 pi、pm、pj 把三角形分割为三个小三角形 pjm、pmi 和 pij。假设大三角形 ijm 的面积为 S，三个小三角形的面积分别为 S_{pij}、S_{pjm}、S_{pmi}，则有：

$$S = S_{pij} + S_{pjm} + S_{pmi}$$

或

$$\frac{S_{pij}}{S} + \frac{S_{pjm}}{S} + \frac{S_{pmi}}{S} = 1 \quad (2-10)$$

当 p 点在三角形内移动时，这三个三角形的面积不断变化，因此，这三个面积或面积比就代表了 p 点的位置，故称为面积坐标，图 2-6b 是一些特殊点、线的面积坐标。当 p 点与三角形某一顶点（比如 i）重合时，有：

$$\frac{S_{pjm}}{S} = 1, \frac{S_{pij}}{S} = 0, \frac{S_{pmi}}{S} = 0$$

p 与 j、m 重合时，也有类似关系。

这些特点正符合对形函数的要求，因此可以把面积比作为形函数，即：

$$N_i(x, y) = \frac{A_i}{A}, N_m(x, y) = \frac{A_m}{A}, N_j(x, y) = \frac{A_j}{A} \quad (2-11)$$

根据线性代数知识[3]，三角形 ijm 面积可以表示为：

$$A = \frac{1}{2} \begin{vmatrix} 1 & x_i & y_i \\ 1 & x_j & y_j \\ 1 & x_m & y_m \end{vmatrix} = \frac{1}{2}[(x_j y_m - x_m y_j) + (x_i y_j - x_j y_i) + (y_i x_m - x_i y_m)]$$

(2-12)

三个小三角形面积的计算与此类似，譬如三角形 pjm 的面积为：

$$A_i = \frac{1}{2} \begin{vmatrix} 1 & x & y \\ 1 & x_j & y_j \\ 1 & x_m & y_m \end{vmatrix} = \frac{1}{2}[(x_j y_m - x_m y_j) + (xy_j - x_j y) + (yx_m - xy_m)]$$

(2-13)

即用 p 点坐标 (x, y) 将式 2-12 中行列式第一行的 (x_i, y_i) 替代即可，如果替换第二行 (x_j, y_j) 则得到 pim 面积，其余依此类推。这样式 2-11 中的三个形函数全部得到，代入式 2-9 就得到了温度场插值函数。

需要指出的是，我们也可以仿照一维单元利用拉格朗日方法构造形函数，但过程比较复杂，而上述方法比较简单，可以证明两种方法的结果是一样的。

到目前为止，我们已经讨论了一维单元和二维三角形单元，而讨论的重点就是形函数的构造。读者可能注意到了，形函数的个数和单元节点个数一样多，这是为什么呢？这就需要从单元必须满足的性质说起了。

2.2.2 单元的完备性和相容性

作为单元必须满足完备性和相容性。所谓完备性，就是单元插值函数应能反映实际物理场的情况[4]。以三角形单元为例，当单元尺寸趋于无穷小时，单元将趋于一点，因而温度场将趋于一点的温度，即为常数，因此，作为单元插值函数应能反映出这一点，即：当 $x \to 0$、$y \to 0$ 时，$T^e \big|_{\substack{x \to 0 \\ y \to 0}} \to c$。因此插值函数必须具备如下形式：

$$T^e = ax + by + c \tag{2-14}$$

即包含常数项 c。因此，完备性也可以理解为 T^e 中包括多少项、哪些项，这可以通过帕斯卡三角形来确定。

图 2-7 为帕斯卡三角形，如果单元插值函数 T^e 需要一阶完备性的话，就应把三角形①中包含的 1、x、y 三项引入到 T^e 中，再分别乘以 c、a、b，即得到式 2-14。如果想把单元精度提高，可以考虑二阶完备性，即把三角形②中包含的 1、x、y、x^2、xy、y^2 六项引到形状函数中，即：

$$T^e = ax + by + c + ex^2 + dxy + fy^2 \tag{2-15}$$

当三角形只有三个节点时，将三个点的温度和坐标值代入式 2-14，就可以得到下面的方程组：

2.2 二维单元

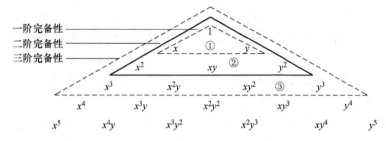

图 2-7 帕斯卡三角形[5]

$$\begin{cases} T_i = ax_i + by_i + c \\ T_j = ax_j + by_j + c \\ T_m = ax_m + by_m + c \end{cases} \tag{2-16}$$

解式 2-16，可以确定待定系数 a、b、c。

因此当考虑一阶完备性时，待定系数的个数和节点个数一样多，单元可解；而考虑二阶完备性的话，由于式 2-15 中待定系数为 6 个，而单元节点只有 3 个，因而无法确定待定系数 a、b、c、d、e、f，因此单元插值函数无法得到，除非增加三角形节点个数，如图 2-5b 所示达到六个，待定系数才能确定，当然此时的单元已经不是三节点单元了。

下面我们将看到，在三角形单元满足一阶完备性情况下，形函数的个数等于单元节点个数，解式 2-16 得到：

$$a = \frac{T_i(y_j - y_m) + T_m(y_i - y_j) + T_j(y_m - y_i)}{(x_m - x_j)(y_i - y_m) - (x_i - x_m)(y_m - y_j)} \tag{2-17}$$

$$b = \frac{T_i(x_m - x_j) + T_m(x_j - x_i) + T_j(x_m - x_m)}{(x_m - x_j)(y_i - y_m) - (x_i - x_m)(y_m - y_j)} \tag{2-18}$$

$$c = \frac{T_i(x_j y_m - x_m y_k) + T_m(x_i y_j - x_j y_i) + T_j(x_m y_j - x_j y_m)}{(x_m - x_j)(y_i - y_m) - (x_i - x_m)(y_m - y_j)} \tag{2-19}$$

将式 2-17 ~ 式 2-19 代入式 2-14 得到：

$$\begin{aligned} T(x, y) &= \frac{T_i(xy_j - xy_m + x_m y - x_j y + x_j y_m - x_m y_j)}{(x_m - x_j)(y_i - y_m) - (x_i - x_m)(y_m - y_j)} + \\ &\quad \frac{T_m(xy_i - xy_j + x_j y - x_i y + x_i y_j - x_j y_i)}{(x_m - x_j)(y_i - y_m) - (x_i - x_m)(y_m - y_j)} + \\ &\quad \frac{T_j(xy_m - xy_i + x_m y - x_m y + x_m - x_m)}{(x_m - x_j)(y_i - y_m) - (x_i - x_m)(y_m - y_j)} \end{aligned} \tag{2-20}$$

上式简写为：

$$T(x, y) = A(x, y)T_i + B(x, y)T_m + C(x, y)T_j$$

$A(x, y)$、$B(x, y)$、$C(x, y)$ 分别为三角形单元三个节点温度的函数系数，不难验证 $A(x, y) = N_i(x, y)$、$B(x, y) = N_m(x, y)$、$C(x, y) = N_j(x, y)$。由于节点有几个，节点温度的函数系数就有几个，因此形函数的个数和单元节点个数一样多。

上面讨论了完备性，而单元的相容性[6]就是要保证相邻单元公共边唯一，即单元之间不能出现开裂或重叠。

上述函数能够满足这一要求。在单元公共边上，变量 x 和 y 必然符合某一直线方程，比如 $y = mx + n$，代入式 2-14 得到 $T(x, y) = ax + b(mx + n) + c$。由于 a、b、c 已经求得，因此只需确定 m 和 n，这只需要两个节点信息就够了，而相邻单元恰具有两个公共点，因此公共边唯一，因而式 2-14 是满足相容性的。

由于三角形单元形函数为二元一次线性函数，因此和两节点一维单元一样，温度梯度为常数，和实际情况存在偏差，故精度低一些。

2.2.3 矩形单元

矩形单元虽不及三角形单元能适应曲线边界，但其计算精度较高，因此也是广泛使用的一种单元[7]。图 2-8 为一矩形单元，为研究方便，在矩形单元中心点建立局部直角坐标 $\xi o \eta$。

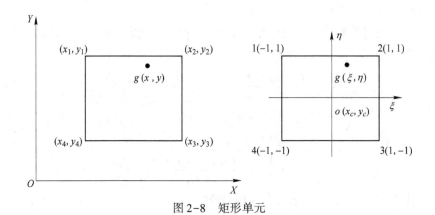

图 2-8 矩形单元

根据图 2-7 所示的帕斯卡三角形（此时 x，y 换成 ξ，η），由于单元有四个节点，因此可取二阶完备性，但由于单元节点仅为四个，由上节讨论已知，不能全取 1、ξ、η、$\xi\eta$、ξ^2、η^2 这六项，必须舍弃两个，在这里选取 1、ξ、η、$\xi\eta$，而舍弃 ξ^2、η^2，这样做是由各项同性决定的，即方程中变量 ξ 和 η 是平等的，哪一方也不占优势，引进 $\xi\eta$ 这一项使得方程对称、均匀。

这样，单元插值函数可表示为：

$$T^e(\xi, \eta) = c + a\xi + b\eta + d\xi\eta \qquad (2-21)$$

将单元四个节点坐标温度代入式 2-21，就可以求出待定系数。不过，这一过程推导比较麻烦，我们可以采用更加简便的方法。

可以仿照一维单元形函数构造方法来构造二维矩形单元形函数。根据式 2-3 可知，一维情况下形函数表达式如下：

$$N_i(x) = \prod_{j=1, j \neq i}^{n} \frac{x - x_j}{x_i - x_j}$$

选择图 2-8 中的 12 边，把此边看成一维单元，把 x、y 换成 ξ、η 形函数可写成：

$$N_i(\xi) = \prod_{j=1, j \neq i}^{n} \frac{\xi - \xi_j}{\xi_i - \xi_j} \tag{2-22}$$

当 i 分别取 1、2 时：

$$N_1(\xi) = \frac{\xi - \xi_2}{\xi_1 - \xi_2} = \frac{\xi - 1}{-1 - 1} = \frac{1 - \xi}{2}$$

$$N_2(\xi) = \frac{\xi - \xi_1}{\xi_2 - \xi_1} = \frac{\xi - (-1)}{1 - (-1)} = \frac{1 + \xi}{2}$$

同理图 2-8 的 14 边，其形函数与式 2-22 类似，只是沿 η 方向：

$$N_i(\eta) = \prod_{j=1, j \neq i}^{n} \frac{\eta - \eta_j}{\eta_i - \eta_j}$$

当 i 分别取 1、4 时：

$$N_1(\eta) = \frac{\eta - \eta_4}{\eta_1 - \eta_4} = \frac{\eta - (-1)}{1 - (-1)} = \frac{1 + \eta}{2}$$

$$N_4(\eta) = \frac{\eta - \eta_1}{\eta_4 - \eta_1} = \frac{\eta - 1}{-1 - 1} = \frac{1 - \eta}{2}$$

综合起来，1 点的形函数为：

$$N_1(\xi, \eta) = N_1(\xi) N_1(\eta) = \frac{1 - \xi}{2} \frac{1 + \eta}{2} = \frac{1}{4}(1 - \xi)(1 + \eta)$$

2~4 点形函数的构造与此类似，最后得到：

$$N_1(\xi, \eta) = \frac{1}{4}(1 - \xi)(1 + \eta)$$

$$N_2(\xi, \eta) = \frac{1}{4}(1 + \xi)(1 + \eta)$$

$$N_3(\xi, \eta) = \frac{1}{4}(1 + \xi)(1 - \eta)$$

$$N_4(\xi, \eta) = \frac{1}{4}(1 - \xi)(1 - \eta)$$

因此，单元插值函数为：

$$T^e(\xi, \eta) = N_1(\xi, \eta)T_1^e + N_2(\xi, \eta)T_2^e + N_3(\xi, \eta)T_3^e + N_4(\xi, \eta)T_4^e$$
(2-23)

上式的自变量是局部坐标系下的，还必须将其映射到整体坐标系 XOY 中，为此，需要建立局部坐标系和整体坐标系下点与点的映射关系。在图 2-8 中任取一点 g，在整体坐标系下坐标为 (x, y)，在局部坐标系下坐标为 (ξ, η)，二者坐标映射关系为：

$$\begin{cases} x = N_1(\xi, \eta)x_1 + N_2(\xi, \eta)x_2 + N_3(\xi, \eta)x_3 + N_4(\xi, \eta)x_4 \\ y = N_1(\xi, \eta)y_1 + N_2(\xi, \eta)y_2 + N_3(\xi, \eta)y_3 + N_4(\xi, \eta)y_4 \end{cases}$$

由以上可知矩形单元插值函数为二次函数，故温度的梯度不再是常数，这比较接近实际情况，因而精度较高，但是前面根据帕斯卡三角形确定插值函数项数时舍弃了 ξ^2、η^2 两项，因此精度没有达到更高。

2.3 三维单元

当遇到三维问题时，需采用三维单元。由于维数的增加，单元的种类也相应增加，如图 2-9 所示为常用的三维单元。实际上，图 2-9a~c 可看成是图 2-9d 的特殊情况。在实际应用中，常使用的是图 2-9a 和图 2-9d 单元，或是这几种单元的组合。

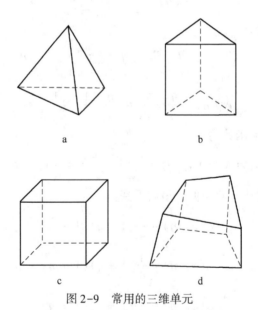

图 2-9 常用的三维单元

2.3.1 四面体单元

四面体单元[8] 与二维三角形单元类似，对曲面边界有较好的适应性，因而在三维问题中被广泛使用。构造四面体单元形函数时,可借鉴三角形单元面积坐标的做法,只不过这里把面积换为了体积。

如图 2-10 所示为一四面体单元。p 为四面体内任意一点,以四面体每四个面为底面,以 p 点为顶点,就构成了四个小四面体 $p\text{-}mik$、$p\text{-}ijk$、$p\text{-}imj$、$p\text{-}mjk$,它们的体积和总体积的比分别为:

$$\frac{V_{p\text{-}mik}}{V},\ \frac{V_{p\text{-}ijk}}{V},\ \frac{V_{p\text{-}imj}}{V},\ \frac{V_{p\text{-}mjk}}{V}$$

当 p 点在四面体内移动时,各体积比也在发生变化,但一直有:

$$\frac{V_{p\text{-}mik}}{V} + \frac{V_{p\text{-}ijk}}{V} + \frac{V_{p\text{-}imj}}{V} + \frac{V_{p\text{-}mjk}}{V} = 1$$

成立,尤其当 p 点与某一顶点(如 i 点)重合时,体积比为:

$$\frac{V_{p\text{-}mik}}{V} = 0,\ \frac{V_{p\text{-}ijk}}{V} = 0,\ \frac{V_{p\text{-}imj}}{V} = 0,\ \frac{V_{p\text{-}mjk}}{V} = 1 \qquad (2\text{-}24)$$

根据这个性质,可以将式 2-24 作为 i 点的形函数,即 $N_i = \dfrac{V_{p\text{-}mjk}}{V}$,其他点的形函数也做类似定义。

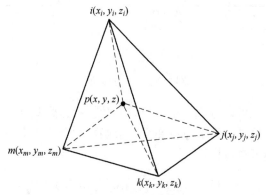

图 2-10 四面体单元

根据立体几何知识,四面体 $ijmk$ 的体积为[9]:

$$V = \frac{1}{12}[ab(b+c+e+f-a-d) + be(a+c+d+f-b-e) +$$
$$cf(a+b+d+e-c-f) - abf - bcd - ace - def]^{\frac{1}{2}}$$

其中:

$$a = (x_i - x_m)^2 + (y_i - y_m)^2 + (z_i - z_m)^2$$
$$b = (x_i - x_j)^2 + (y_i - y_j)^2 + (z_i - z_j)^2$$
$$c = (x_i - x_k)^2 + (y_i - y_k)^2 + (z_i - z_k)^2$$

$$b = (x_j - x_k)^2 + (y_j - y_k)^2 + (z_j - z_k)^2$$
$$e = (x_m - x_k)^2 + (y_m - y_k)^2 + (z_m - z_k)^2$$
$$f = (x_j - x_m)^2 + (y_j - y_m)^2 + (z_j - z_m)^2$$

其他的小四面体体积可类比推出。这样,四面体单元温度场插值函数为:

$$T^e(x, y) = N_i T_i + N_j T_j + N_m T_m + N_k T_k \tag{2-25}$$

2.3.2 立方体单元

如图2-11所示为立方体单元[10],为研究方便,仿照二维矩形单元,建立局部三维坐标系 $o\xi\eta\zeta$。

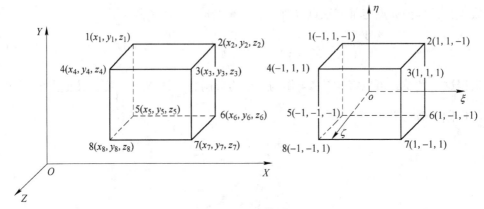

图 2-11 立方体单元

三维立方体单元可以看成二维矩形单元的扩展,因此其形函数的构造也与二维矩形单元类似,只是因为节点有8个,形函数的个数也变为8个。下面只给出结果,读者有兴趣可自行推导。

$$\begin{cases} N_1(\xi, \eta, \zeta) = \dfrac{1}{8}(1-\xi)(1+\eta)(1-\zeta) & N_5(\xi, \eta, \zeta) = \dfrac{1}{8}(1-\xi)(1-\eta)(1-\zeta) \\[4pt] N_2(\xi, \eta, \zeta) = \dfrac{1}{8}(1+\xi)(1+\eta)(1-\zeta) & N_6(\xi, \eta, \zeta) = \dfrac{1}{8}(1+\xi)(1-\eta)(1-\zeta) \\[4pt] N_3(\xi, \eta, \zeta) = \dfrac{1}{8}(1+\xi)(1+\eta)(1+\zeta) & N_7(\xi, \eta, \zeta) = \dfrac{1}{8}(1+\xi)(1-\eta)(1+\zeta) \\[4pt] N_4(\xi, \eta, \zeta) = \dfrac{1}{8}(1-\xi)(1+\eta)(1+\zeta) & N_8(\xi, \eta, \zeta) = \dfrac{1}{8}(1-\xi)(1-\eta)(1+\zeta) \end{cases} \tag{2-26}$$

读者可以自行验证,这些形函具有如下性质:

$$N_i(\xi_j, \eta_j, \zeta_j) = \delta_{ij} \quad (i, j = 1, \cdots, 8)$$

这样,六面体内任一点温度插值函数为:

$$T^e(x, y, z) = \sum_{i=1}^{8} N_i(\xi, \eta, \zeta) T_i^e \tag{2-27}$$

同二维矩形单元类似，也存在局部坐标系和整体坐标系之间点的映射问题，三维点 (ξ, η, ζ) 映射到整体坐标系下的公式为：

$$\begin{cases} x = \sum_{i=1}^{8} N_i(\xi, \eta, \zeta) x_i \\ y = \sum_{i=1}^{8} N_i(\xi, \eta, \zeta) y_i \\ z = \sum_{i=1}^{8} N_i(\xi, \eta, \zeta) z_i \end{cases}$$

关于单元完备性和相容性，读者可类比二维单元进行分析，这里不再赘述。

2.4 等参单元

简单的三角形单元容易划分网格，并且能逼近曲线边界，适应性较强，但由于插值函数阶次较低，温度梯度为常数，不能很好地反映实际温度变化；矩形单元温度梯度不再是常数，比三角形单元精度高，但不适合曲线边界，为了提高计算精度并很好地适合曲线边界，可采用任意形状的四边形等参单元。

2.4.1 四边形等参单元

如图 2-12 所示为任意四边形等参单元。为研究方便，引入局部坐标系，建立的方法是：如图 2-12a 所示，连接四边形两对对边的中点 a、b 和 c、d，分别形成 ξ 轴和 η 轴，两轴交点 o 为原点，这样的坐标系称为自然坐标系。

自然坐标系与直角坐标系相比有很大的不同：坐标系中的坐标轴夹角不一定为直角，同时刻度分布也是不均匀的。在图 2-12b 中，我们取线段 $1a$ 和 $2b$ 的中点 e、f，连接形成线段 ef，ef 与 η 轴交点为 h。我们考察线段 hf 和 ob，虽然二者长度不同，但都是一个长度单位，只是各自位置的长度单位不一样，因此，线段 hf 和 ob 的上点 f 和 b 的"横"坐标均为 $\xi=1$。

进一步说，在自然坐标系中，23 边上所有的点均有 $\xi=1$，与此类似，14 边所有点坐标均有 $\xi=-1$，12 边所有点坐标均有 $\eta=1$，34 边均为 $\eta=-1$，正因如此，可以把图 2-12b 中的四边形看成图 2-12c 中所示的边长 2 的矩形，这样一来，等参单元就可以按前面的矩形单元一样处理了，仿照 2.2.3 节中讨论的矩形单元，单元内的温度场函数可以写成：

$$T^e(\xi, \eta) = N_1(\xi, \eta) T_1^e + N_2(\xi, \eta) T_2^e + N_3(\xi, \eta) T_3^e + N_4(\xi, \eta) T_4^e \tag{2-28}$$

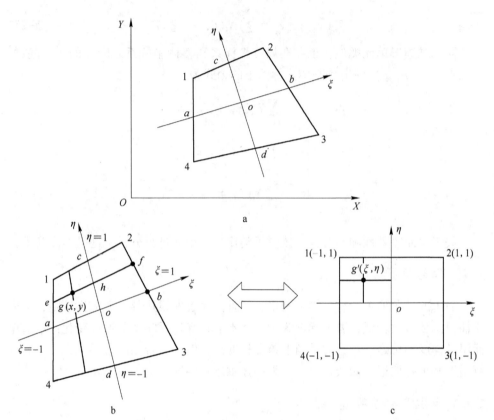

图 2-12 任意四边形等参单元[11]
a—建立局部坐标系；b—自然坐标系坐标值；c—等同于矩形

T_1^e、T_2^e、T_3^e、T_4^e 为四个节点温度。$N_1(\xi, \eta)$、$N_2(\xi, \eta)$、$N_3(\xi, \eta)$、$N_4(\xi, \eta)$ 为形状函数，也和矩形单元形函数类似，结果如下：

$$N_1(\xi, \eta) = \frac{1}{4}(1-\xi)(1+\eta)$$

$$N_2(\xi, \eta) = \frac{1}{4}(1+\xi)(1+\eta)$$

$$N_3(\xi, \eta) = \frac{1}{4}(1+\xi)(1-\eta)$$

$$N_4(\xi, \eta) = \frac{1}{4}(1-\xi)(1-\eta)$$

同样，这些形函数必须满足：

$$N_i(\xi_j, \eta_j) = \delta_{ij} \quad (i, j = 1, 2, 3, 4)$$

其中 δ_{ij} 称为克氏符号，且 $\delta_{ij} = \begin{cases} 1, & i = j \\ 0, & i \neq j \end{cases}$。

由于式 2-28 中自变量是自然坐标系下的，因此还必须将其映射到 XOY 坐标系中。为此，需要建立自然坐标系下和直角坐标系下的点之间的映射关系。在图 2-12b 中任取一点 $g'(\xi, \eta)$，它和直角坐标系中的 $g(x, y)$ 相对应，仿照温度场插值函数的形式，写出二者坐标映射关系：

$$\begin{cases} x = x_1 N_1(\xi, \eta) + x_2 N_2(\xi, \eta) + x_3 N_3(\xi, \eta) + x_4 N_4(\xi, \eta) \\ y = y_1 N_1(\xi, \eta) + y_2 N_2(\xi, \eta) + y_3 N_3(\xi, \eta) + y_4 N_4(\xi, \eta) \end{cases} \quad (2\text{-}29)$$

式中，(x_1, y_1)、(x_2, y_2)、(x_3, y_3)、(x_4, y_4) 为直角坐标系下四个顶点的坐标。

式 2-29 中形函数的个数和式 2-28 中所采用的形函数个数相等，均为 4 个，因此这种映射称为等参映射，这种单元称为等参单元；如果式 2-29 中采用的形函数数目少于式 2-28 中形函数数目，则这种映射称为亚参映射，反之称为超参映射，相应的单元称为亚参单元和超参单元。

2.4.2 六面体等参单元

任意形状的六面体等参单元[12]可以看成四边形等参单元的三维拓展，也像四边形等参单元一样，采用自然坐标，如图 2-13 所示。和二维情况类似，在直角坐标中的任意六面体，在自然坐标系中被视为立方体，因此可参照 2.3.2 节立方体单元，写出六面体等参单元形函数：

$$N_1(\xi, \eta, \zeta) = \frac{1}{8}(1-\xi)(1+\eta)(1-\zeta)$$

$$N_2(\xi, \eta, \zeta) = \frac{1}{8}(1+\xi)(1+\eta)(1-\zeta)$$

$$N_3(\xi, \eta, \zeta) = \frac{1}{8}(1+\xi)(1+\eta)(1+\zeta)$$

$$N_4(\xi, \eta, \zeta) = \frac{1}{8}(1-\xi)(1+\eta)(1+\zeta)$$

$$N_5(\xi, \eta, \zeta) = \frac{1}{8}(1-\xi)(1-\eta)(1-\zeta)$$

$$N_6(\xi, \eta, \zeta) = \frac{1}{8}(1+\xi)(1-\eta)(1-\zeta)$$

$$N_7(\xi, \eta, \zeta) = \frac{1}{8}(1+\xi)(1-\eta)(1+\zeta)$$

$$N_8(\xi, \eta, \zeta) = \frac{1}{8}(1-\xi)(1-\eta)(1+\zeta)$$

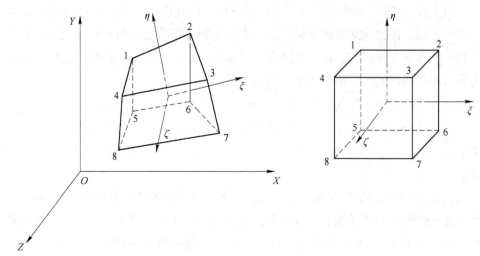

图 2-13 任意六面体单元

这样，六面体内任一点温度插值函数为：

$$T^e(\xi, \eta, \zeta) = \sum_{i=1}^{8} N_i T_i \quad (2\text{-}30)$$

这里也遇到了 2.3.1 节中同样遇到的问题，即自然坐标系和直角坐标系之间点的映射问题。与二维情况类似，点 (ξ, η, ζ) 映射到直角坐标系下的公式为：

$$\begin{cases} x = N_1 x_1 + N_2 x_2 + N_3 x_3 + N_4 x_4 + N_5 x_5 + N_6 x_6 + N_7 x_7 + N_8 x_8 \\ y = N_1 y_1 + N_2 y_2 + N_3 y_3 + N_4 y_4 + N_5 y_5 + N_6 y_6 + N_7 y_7 + N_8 y_8 \\ z = N_1 z_1 + N_2 z_2 + N_3 z_3 + N_4 z_4 + N_5 z_5 + N_6 z_6 + N_7 z_7 + N_8 z_8 \end{cases}$$

与二维情况一样，也存在等参单元、亚参单元和超参单元等概念，其意义一样。

参考文献

[1] 谢宗蕻, 张子龙, 张勇泽. 有限元的数学建模标准与验证 [M]. 北京: 航空工业出版社, 2013.

[2] 王焕定, 焦兆平. 有限元法基础 [M]. 2 版. 北京: 高等教育出版社, 2007.

[3] 韩流冰, 叶建军, 何瑞文. 线性代数与空间解析几何 [M]. 成都: 西南交通大学出版社, 2003.

[4] 赵经文, 王宏钰. 结构有限元 [M]. 哈尔滨: 哈尔滨工业大学出版社, 1988.

[5] 高耀东, 张玉宝, 任学平. 有限元理论及 ANSYS 应用 [M]. 北京: 电子工业出版社, 2016.

[6] 赵经文, 王宏钰. 结构有限元分析 [M]. 北京: 科学出版社, 2001.

[7] 薛守义. 有限单元法 [M]. 北京: 中国建材工业出版社, 2005.

[8] 朱加铭,欧贵宝,何蕴增. 有限元法与边界元法 [M]. 哈尔滨:哈尔滨工程大学出版社,2008.
[9] 蔡国梁,苗宝军,史雪荣. 解析几何教程 [M]. 苏州:江苏大学出版社,2012.
[10] Zienkiewicz O C,Tayler R L. 有限元法 [M]. 5 版. 曾攀,译. 北京:清华大学出版社,2008.
[11] 王焕定,王伟. 有限单元法教程 [M]. 哈尔滨:哈尔滨工业大学出版社,2003.
[12] 吴鸿庆,任侠. 结构有限元 [M]. 北京:中国铁道出版社,2000.

3 有限元基础理论

在第 1 章我们找到了温度场近似解（式 1-49），若想求出近似解的表达式，还存在确定待定系数 T_i 的问题，这就需要找到 T_i 所满足的方程组，而这就涉及有限元的基础理论，本章将对此作重点阐述。

3.1 有限元基本理论之一——加权余量法

3.1.1 微分方程及其等效积分形式

我们仍以二维热传导为例。如图 3-1 所示，区域 Ω 中存在着一定的温度分布，当温度场达到稳态时，温度不再随时间变化，由 1.2 节可知，温度函数 $T(x, y)$ 在区域 Ω 内满足偏微分方程：

$$\frac{\partial}{\partial x}\left(k\frac{\partial T}{\partial x}\right) + \frac{\partial}{\partial y}\left(k\frac{\partial T}{\partial y}\right) + q = 0 \tag{3-1}$$

边界 Γ_T 上满足：

$$T(x, y) = \overline{T}(x, y) \tag{3-2}$$

边界 Γ_q 上满足：

$$k\frac{\partial T}{\partial n} = q_1 \tag{3-3}$$

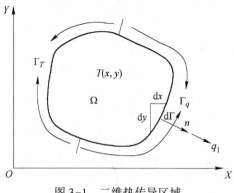

图 3-1 二维热传导区域

注意，整个边界由两部分组成：Γ_T 和 Γ_q。Γ_T 上温度已知，称为第一类边界条件；Γ_q 上热流密度已知，称为第二类边界条件。

可以将式 3-1 ~ 式 3-3 写成微分算子的形式：

$$A(T) = \frac{\partial}{\partial x}\left(k\frac{\partial T}{\partial x}\right) + \frac{\partial}{\partial y}\left(k\frac{\partial T}{\partial y}\right) + q = 0 \tag{3-4}$$

$$B(T) = T(x, y) - \overline{T}(x, y) = 0 \tag{3-5}$$

$$C(T) = k\frac{\partial T}{\partial n} - q_1 = 0 \tag{3-6}$$

$A(T)$、$B(T)$、$C(T)$ 为微分算子，分别为：

$$A(\ ) = \frac{\partial}{\partial x}\left(k\frac{\partial(\ )}{\partial x}\right) + \frac{\partial}{\partial y}\left(k\frac{\partial(\ )}{\partial y}\right) + q$$

$$B(\ ) = (\ ) - \overline{T}(x, y)$$

$$C(\ ) = k\frac{\partial(\ )}{\partial n} - q_1$$

由于方程 3-1 中出现了 $T(x, y)$ 的二阶偏导数，因此要求 $T(x, y)$ 必须二阶可导，这就意味着温度场函数不但连续，而且一阶导数也要连续，从几何角度讲，曲面除了连续还要光滑，不能有尖点，也就是说 $T(x, y)$ 的函数性态必须很好，而这样的函数是不大容易找到的，因此 $T(x, y)$ 的选择范围大大缩小，求解的难度增大。

上述微分方程还可以写成另外一种形式——等效积分形式。

用任意函数 $v_1(x, y)$、$v_2(x, y)$、$v_3(x, y)$ 分别乘以式 3-1 ~ 式 3-3 得到：

$$v_1(x, y)\left[\frac{\partial}{\partial x}\left(k\frac{\partial T}{\partial x}\right) + \frac{\partial}{\partial y}\left(k\frac{\partial T}{\partial y}\right) + q\right] = 0 \tag{3-7}$$

$$v_2(x, y)[T(x, y) - \overline{T}(x, y)] = 0 \tag{3-8}$$

$$v_3(x, y)\left(k\frac{\partial T}{\partial n} - q_1\right) = 0 \tag{3-9}$$

或

$$v_1(x, y)A(T) = 0 \tag{3-10}$$
$$v_2(x, y)B(T) = 0 \tag{3-11}$$
$$v_3(x, y)C(T) = 0 \tag{3-12}$$

然后对式 3-7 ~ 式 3-9 在求解域 Ω 内积分并相加得到：

$$\iint_\Omega v_1\left[\frac{\partial}{\partial x}\left(k\frac{\partial T}{\partial x}\right) + \frac{\partial}{\partial y}\left(k\frac{\partial T}{\partial y}\right) + q\right]d\Omega + \int_{\Gamma_T} v_2[T(x, y) - \overline{T}]d\Gamma + \int_{\Gamma_q} v_3\left(k\frac{\partial T}{\partial n} - q_1\right)d\Gamma = 0 \tag{3-13}$$

式 3-13 与式 3-1 ~ 式 3-3 是等价的，这是因为，对于任意 $v_1(x, y)$、$v_2(x, y)$、$v_3(x, y)$，式 3-13 都必须恒成立，必有：

$$\frac{\partial}{\partial x}\left(k\frac{\partial T}{\partial x}\right) + \frac{\partial}{\partial y}\left(k\frac{\partial T}{\partial y}\right) + q = 0$$

$$T(x, y) - \overline{T}(x, y) = 0$$

$$k\frac{\partial T}{\partial n} - q_1 = 0$$

而这正是式 3-1~式 3-3。因此式 3-13 称为微分方程的等效积分形式，二者表达形式不同，但是等价的。

由于式 3-13 是积分形式，因此为了能使之可积，对 $v_1(x, y)$、$v_2(x, y)$、$v_3(x, y)$ 和 $T(x, y)$ 的函数性态有一定的要求。由于 $v_1(x, y)$、$v_2(x, y)$、$v_3(x, y)$ 只以自身的形式出现在积分式中，因此 $v_1(x, y)$、$v_2(x, y)$ 和 $v_3(x, y)$ 只要在区域 Ω 和边界 Γ 上保持单值可积即可，由于这三个函数是任意选取，因此很容易满足这个条件。

而 $T(x, y)$ 在式 3-13 中仍存在二阶偏导数，为了可积要求 $T(x, y)$ 非常光滑，不可以有尖点，否则不可积。为了说明这一点，我们举一个一维的例子。

如图 3-2a 所示，实线为光滑曲线，没有尖点，因此一阶和二阶导数均存在，所以是可积的，如果曲线在虚线处存在尖点的话，则虽然尖锐处一阶导数不连续（图 3-2b 虚线处）但导数值不是无穷大，为有限值，因此可积；而二阶导数在尖锐处却出现无穷大的情况（图 3-2c 虚线处），这就导致二阶导数不可积，而式 3-13 中恰好存在温度场的二阶偏导数，因此等效积分形式中，同样对 $T(x, y)$ 的函数性态有很高的要求，求解难度同样很大。

为了使式 3-13 积分容易，可以考虑将偏导数的阶次降低，如果 $T(x, y)$ 的偏导数降为一阶，那么对 $T(x, y)$ 只要求一阶可导即可，也就是说只要连续即可，要做到这一点，需利用等效积分的弱形式。

3.1.2 等效积分方程的弱形式

为了达到降低 $T(x, y)$ 导数阶次的目的，对式 3-13 进行分步积分，将式 3-13 等号左侧第一个积分号内的第一项进行如下变换：

$$\iint_\Omega v_1(x, y)\frac{\partial}{\partial x}\left(k\frac{\partial T}{\partial x}\right)\mathrm{d}\Omega = \iint_\Omega v_1(x, y)\frac{\partial}{\partial x}\left(k\frac{\partial T}{\partial x}\right)\mathrm{d}x\mathrm{d}y$$
$$= \int\left\{\int\left[v_1(x, y)\frac{\partial}{\partial x}\left(k\frac{\partial T}{\partial x}\right)\mathrm{d}x\right]\right\}\mathrm{d}y \qquad (3-14)$$

再利用分步积分公式：

$$uv = \int u\mathrm{d}v + \int v\mathrm{d}u \Rightarrow \int u\mathrm{d}v = uv - \int v\mathrm{d}u$$

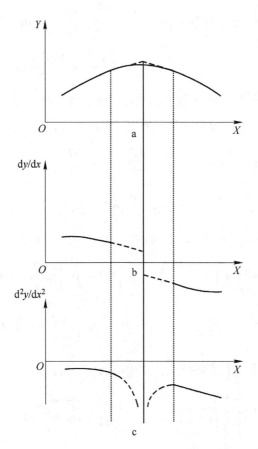

图 3-2 函数连续性对积分的影响[1]

对花括弧内部分进行如下变换:

$$\underbrace{\int [v_1(x,\ y)}_{u}\ \underbrace{\frac{\partial}{\partial x}\left(k\frac{\partial T}{\partial x}\right)}_{\mathrm{d}v}]\mathrm{d}x = \underbrace{v_1(x,\ y)}_{u}\underbrace{k\frac{\partial T}{\partial x}}_{v} - \int \underbrace{k\frac{\partial T}{\partial x}}_{v}\underbrace{\frac{\partial v_1}{\partial x}\mathrm{d}x}_{\mathrm{d}u}$$

将上式代入式 3-14 得:

$$\iint_\Omega v_1 \frac{\partial}{\partial x}\left(k\frac{\partial T}{\partial x}\right)\mathrm{d}x\mathrm{d}y = \int\left[v_1 k\frac{\partial T}{\partial x} - \int k\frac{\partial T}{\partial x}\frac{\partial v_1}{\partial x}\mathrm{d}x\right]\mathrm{d}y \tag{3-15}$$

如图 3-1 所示, 在边界上有:

$$\mathrm{d}x = n_y\mathrm{d}\Gamma,\ \mathrm{d}y = n_x\mathrm{d}\Gamma \tag{3-16}$$

n_x、n_y 为边界外法线 n 的方向余弦。

将式 3-16 代入式 3-15 得:

$$\iint_\Omega v_1 \frac{\partial}{\partial x}\left(k\frac{\partial T}{\partial x}\right) \mathrm{d}x\mathrm{d}y = \int v_1 k\frac{\partial T}{\partial x}\mathrm{d}y - \iint_\Omega k\frac{\partial T}{\partial x}\frac{\partial v_1}{\partial x}\mathrm{d}x\mathrm{d}y$$

$$= \int v_1 k\frac{\partial T}{\partial x}n_x \mathrm{d}\Gamma - \iint_\Omega k\frac{\partial T}{\partial x}\frac{\partial v_1}{\partial x}\mathrm{d}x\mathrm{d}y \tag{3-17}$$

以上推导过程中,假设导热系数 k 为常数,以后皆如此。

式 3-13 中第一个积分号内第二项也做如此处理,得到:

$$\iint_\Omega v_1 \frac{\partial}{\partial y}\left(k\frac{\partial T}{\partial y}\right) \mathrm{d}x\mathrm{d}y = \int v_1 k\frac{\partial T}{\partial y}\mathrm{d}x - \iint_\Omega k\frac{\partial T}{\partial y}\frac{\partial v_1}{\partial y}\mathrm{d}x\mathrm{d}y$$

$$= \int v_1 k\frac{\partial T}{\partial y}n_y \mathrm{d}\Gamma - \iint_\Omega k\frac{\partial T}{\partial y}\frac{\partial v_1}{\partial y}\mathrm{d}x\mathrm{d}y \tag{3-18}$$

将式 3-17、式 3-18 代入式 3-13,弱形式最终变为:

$$-\iint_\Omega \left[\left(k\frac{\partial T}{\partial x}\frac{\partial v_1}{\partial x}\right) + \left(k\frac{\partial T}{\partial y}\frac{\partial v_1}{\partial y}\right) - v_1 q\right]\mathrm{d}\Omega + \int_\Gamma v_1\left(k\frac{\partial T}{\partial x}n_x + k\frac{\partial T}{\partial y}n_y\right)\mathrm{d}\Gamma +$$

$$\int_{\Gamma_T} v_2 [T(x,y) - \overline{T}(x,y)]\mathrm{d}\Gamma + \int_{\Gamma_q} v_3\left(k\frac{\partial T}{\partial x} - q_1\right)\mathrm{d}\Gamma = 0$$

将 $\frac{\partial T}{\partial n} = \frac{\partial T}{\partial x}n_x + \frac{\partial T}{\partial y}n_y$ 代入上式划线处,并做适当变形得:

$$-\iint_\Omega \left[\left(k\frac{\partial T}{\partial x}\frac{\partial v_1}{\partial x}\right) + \left(k\frac{\partial T}{\partial y}\frac{\partial v_1}{\partial y}\right) - v_1 q\right]\mathrm{d}\Omega + \boxed{\int_\Gamma v_1 k\frac{\partial T}{\partial n}\mathrm{d}\Gamma + \int_{\Gamma_q} v_3 k\frac{\partial T}{\partial n}\mathrm{d}\Gamma} +$$

$$\int_{\Gamma_T} v_2 [T(x,y) - \overline{T}(x,y)]\mathrm{d}\Gamma + \int_{\Gamma_q} v_3(-q_1)\mathrm{d}\Gamma = 0 \tag{3-19}$$

由于 v_1、v_2、v_3 的任意性,我们可以令 $v_3 = -v_1$,于是方框部分变为:

$$\int_\Gamma kv_1\left(\frac{\partial T}{\partial n}\right)\mathrm{d}\Gamma - \int_{\Gamma_q} kv_1 \frac{\partial T}{\partial n}\mathrm{d}\Gamma = \int_{\Gamma_T} kv_1\left(\frac{\partial T}{\partial n}\right)\mathrm{d}\Gamma \tag{3-20}$$

$$\boxed{\Gamma - \Gamma_q = \Gamma_T}$$

同样由于 v_1 的任意性,选择适当的 v_1,可使式 3-20 在边界 Γ_T 上的积分为零;另外,$\int_{\Gamma_T} v_2[T(x,t) - \overline{T}]\mathrm{d}\Gamma$ 中,$T(x,t) - \overline{T} = 0$ 为事先给定的边界条件,自然满足,也就是说不论 v_2 是什么,这一项都成立,因此,可以从式中除去,这样式 3-19 最终变为:

$$\iint_\Omega \left[\left(k \frac{\partial T}{\partial x} \frac{\partial v_1}{\partial x} \right) + \left(k \frac{\partial T}{\partial y} \frac{\partial v_1}{\partial y} \right) - v_1 q_1 \right] d\Omega - \int_{\Gamma_q} v_1 q_1 d\Gamma = 0 \qquad (3-21)$$

上式就是等效积分的弱形式,是对等效积分形式进行分步积分的结果。

观察弱形式,可发现 $T(x, y)$ 只出现一阶导数,因此 $T(x, y)$ 只要 C^0 阶连续即可,由于一阶导数可以不连续,因此对 $T(x, y)$ 的光滑性要求有所降低,解的选择范围变宽了,求解难度也就降低了,但与此同时对函数 $v_1(x, y)$ 的连续性要求提高了,必须一阶可导。可见,弱形式对 $T(x, y)$ 连续性要求的降低是以提高 $v_1(x, y)$ 连续性为代价的,在这种情况下,$T(x, y)$ 是连续的,但可以不光滑,而这样的解往往更符合实际情况。

3.1.3 基于等效积分弱形式的近似方法——加权余量法

下面,我们把目光集中在一个四边形单元上(参考图 1-5b),由第 1 章已经知道,求解域内某一单元温度场近似函数为式 1-51,即:

$$\widetilde{T}^e = \sum_{i=1}^{4} N_i(x, y) T_i \qquad (3-22)$$

将它代入弱形式 3-21 中得:

$$\iint_{\Omega_e} \left[\left(k \frac{\partial \widetilde{T}^e}{\partial x} \frac{\partial v_1}{\partial x} \right) + \left(k \frac{\partial \widetilde{T}^e}{\partial y} \frac{\partial v_1}{\partial y} \right) - v_1 q \right] d\Omega - \int_{\Gamma_q} v_1 q_1 d\Gamma = 0 \qquad (3-23)$$

注意积分区域和边界变为单元范围。

然后按式 3-22 将 $\widetilde{T}_e(x, y)$ 展开:

$$\iint_{\Omega_e} \left[k \frac{\partial (\sum_{i=1}^{4} N_i T_i)}{\partial x} \frac{\partial v_1}{\partial x} + k \frac{\partial (\sum_{i=1}^{4} N_i T_i)}{\partial y} \frac{\partial v_1}{\partial y} - v_1 q \right] d\Omega - \int_{\Gamma_q} v_1 q_1 d\Gamma = 0 \qquad (3-24)$$

此时,如果确定了函数 $v_1(x, y)$ 的表达式,对上式积分后,就会得到关于 $T_i(i=1, \cdots, 4)$ 的一个方程。在这里我们取四个 $v_1(x, y)$ 这样的函数,即和单元节点数目一样,记做 $v_i(x, y)$ ($i=1, \cdots, 4$),将 $v_1(x, y)$、$v_2(x, y)$、$v_3(x, y)$、$v_4(x, y)$ 依次代入式 3-24,就会得到四个关于 $T_i(i=1, \cdots, 4)$ 的方程,这四个方程组成方程组,方程数目恰好等于未知数 $T_i(i=1, \cdots, 4)$ 的个数,这样就可以解出 $T_i(i=1, \cdots, 4)$。

3.1.4 单元刚度矩阵的推导

将 $v_1(x, y)$、$v_2(x, y)$、$v_3(x, y)$、$v_4(x, y)$ 依次代入式 3-24 得:

$$\begin{cases} \iint_{\Omega_e} \left[k \frac{\partial (\sum_{i=1}^{4} N_i T_i)}{\partial x} \frac{\partial v_1}{\partial x} + k \frac{\partial (\sum_{i=1}^{4} N_i T_i)}{\partial y} \frac{\partial v_1}{\partial y} - v_1 q \right] d\Omega - \int_{\Gamma_q} v_1 q_1 d\Gamma = 0 \\ \iint_{\Omega_e} \left[k \frac{\partial (\sum_{i=1}^{4} N_i T_i)}{\partial x} \frac{\partial v_2}{\partial x} + k \frac{\partial (\sum_{i=1}^{4} N_i T_i)}{\partial y} \frac{\partial v_2}{\partial y} - v_2 q \right] d\Omega - \int_{\Gamma_q} v_2 q_1 d\Gamma = 0 \\ \iint_{\Omega_e} \left[k \frac{\partial (\sum_{i=1}^{4} N_i T_i)}{\partial x} \frac{\partial v_3}{\partial x} + k \frac{\partial (\sum_{i=1}^{4} N_i T_i)}{\partial y} \frac{\partial v_3}{\partial y} - v_3 q \right] d\Omega - \int_{\Gamma_q} v_3 q_1 d\Gamma = 0 \\ \iint_{\Omega_e} \left[k \frac{\partial (\sum_{i=1}^{4} N_i T_i)}{\partial x} \frac{\partial v_4}{\partial x} + k \frac{\partial (\sum_{i=1}^{4} N_i T_i)}{\partial y} \frac{\partial v_4}{\partial y} - v_4 q \right] d\Omega - \int_{\Gamma_q} v_4 q_1 d\Gamma = 0 \end{cases}$$

(3-25)

取第一个方程，改变其形式为：

$$\iint_{\Omega_e} \left[k \frac{\partial (\sum_{i=1}^{4} N_i T_i)}{\partial x} \frac{\partial v_1}{\partial x} + k \frac{\partial (\sum_{i=1}^{4} N_i T_i)}{\partial y} \frac{\partial v_1}{\partial y} \right] d\Omega = \iint_{\Omega_e} v_1 q d\Omega + \int_{\Gamma_q} v_1 q_1 d\Gamma \quad (3-26)$$

上式左边第一项展开为：

$$\text{left1} = k \iint_{\Omega_e} \left[\frac{\partial N_1}{\partial x} \frac{\partial v_1}{\partial x} \quad \frac{\partial N_2}{\partial x} \frac{\partial v_1}{\partial x} \quad \frac{\partial N_3}{\partial x} \frac{\partial v_1}{\partial x} \quad \frac{\partial N_4}{\partial x} \frac{\partial v_1}{\partial x} \right] \begin{bmatrix} T_1 \\ T_2 \\ T_3 \\ T_4 \end{bmatrix} d\Omega \quad (3-27)$$

由于 T_1、T_2、T_3、T_4 是常数，因此可提到积分号外，于是式 3-27 进一步变为：

$$\text{left1} = k \iint_{\Omega_e} \left[\frac{\partial N_1}{\partial x} \frac{\partial v_1}{\partial x} \quad \frac{\partial N_2}{\partial x} \frac{\partial v_1}{\partial x} \quad \frac{\partial N_3}{\partial x} \frac{\partial v_1}{\partial x} \quad \frac{\partial N_4}{\partial x} \frac{\partial v_1}{\partial x} \right] d\Omega \begin{bmatrix} T_1 \\ T_2 \\ T_3 \\ T_4 \end{bmatrix} \quad (3-28)$$

或

$$\left[k \iint_{\Omega_e} \frac{\partial N_1}{\partial x} \frac{\partial v_1}{\partial x} d\Omega \quad k \iint_{\Omega_e} \frac{\partial N_2}{\partial x} \frac{\partial v_1}{\partial x} d\Omega \quad k \iint_{\Omega_e} \frac{\partial N_3}{\partial x} \frac{\partial v_1}{\partial x} d\Omega \quad k \iint_{\Omega_e} \frac{\partial N_4}{\partial x} \frac{\partial v_1}{\partial x} d\Omega \right] \begin{bmatrix} T_1 \\ T_2 \\ T_3 \\ T_4 \end{bmatrix}$$

(3-29)

同理，式 3-26 左面第二项展开得：

$$\text{left2} = \left[k\iint_{\Omega_e} \frac{\partial N_1}{\partial y}\frac{\partial v_1}{\partial y}\mathrm{d}\Omega \quad k\iint_{\Omega_e} \frac{\partial N_2}{\partial y}\frac{\partial v_1}{\partial y}\mathrm{d}\Omega \quad k\iint_{\Omega_e} \frac{\partial N_3}{\partial y}\frac{\partial v_1}{\partial y}\mathrm{d}\Omega \quad k\iint_{\Omega_e} \frac{\partial N_4}{\partial y}\frac{\partial v_1}{\partial y}\mathrm{d}\Omega \right] \begin{bmatrix} T_1 \\ T_2 \\ T_3 \\ T_4 \end{bmatrix}$$

(3-30)

式 3-29、式 3-30 合并得：

$$\left[k\iint_{\Omega_e}\left(\frac{\partial N_1}{\partial x}\frac{\partial v_1}{\partial x}+\frac{\partial N_1}{\partial y}\frac{\partial v_1}{\partial y}\right)\mathrm{d}\Omega \quad k\iint_{\Omega_e}\left(\frac{\partial N_2}{\partial x}\frac{\partial v_1}{\partial x}+\frac{\partial N_2}{\partial y}\frac{\partial v_1}{\partial y}\right)\mathrm{d}\Omega \right.$$

$$\left. k\iint_{\Omega_e}\left(\frac{\partial N_3}{\partial x}\frac{\partial v_1}{\partial x}+\frac{\partial N_3}{\partial y}\frac{\partial v_1}{\partial y}\right)\mathrm{d}\Omega \quad k\iint_{\Omega_e}\left(\frac{\partial N_4}{\partial x}\frac{\partial v_1}{\partial x}+\frac{\partial N_4}{\partial y}\frac{\partial v_1}{\partial y}\right)\mathrm{d}\Omega \right] \begin{bmatrix} T_1 \\ T_2 \\ T_3 \\ T_4 \end{bmatrix} \quad (3\text{-}31)$$

最终式 3-26 变为：

$$\left[k\iint_{\Omega_e}\left(\frac{\partial N_1}{\partial x}\frac{\partial v_1}{\partial x}+\frac{\partial N_1}{\partial y}\frac{\partial v_1}{\partial y}\right)\mathrm{d}\Omega \quad k\iint_{\Omega_e}\left(\frac{\partial N_2}{\partial x}\frac{\partial v_1}{\partial x}+\frac{\partial N_2}{\partial y}\frac{\partial v_1}{\partial y}\right)\mathrm{d}\Omega \quad k\iint_{\Omega_e}\left(\frac{\partial N_3}{\partial x}\frac{\partial v_1}{\partial x}+\frac{\partial N_3}{\partial y}\frac{\partial v_1}{\partial y}\right)\mathrm{d}\Omega \right.$$

$$\left. k\iint_{\Omega_e}\left(\frac{\partial N_4}{\partial x}\frac{\partial v_1}{\partial x}+\frac{\partial N_4}{\partial y}\frac{\partial v_1}{\partial y}\right)\mathrm{d}\Omega \right] \begin{bmatrix} T_1 \\ T_2 \\ T_3 \\ T_4 \end{bmatrix} = \iint_{\Omega_e} v_1 q \mathrm{d}\Omega + \int_{\Gamma_e} v_1 q_1 \mathrm{d}\Gamma \quad (3\text{-}32)$$

可见这是一个关于 T_1、T_2、T_3、T_4 的方程（注意，这里 T_i 的下标是单元局部编号，参看图 1-2b）。将式 3-25 剩下的三式展开，得到类似的结果，集合起来就得到一个关于 T_1、T_2、T_3、T_4 的四元一次方程组：

$$k\iint_{\Omega_e} \begin{bmatrix} \frac{\partial N_1}{\partial x}\frac{\partial v_1}{\partial x}+\frac{\partial N_1}{\partial y}\frac{\partial v_1}{\partial y} & \frac{\partial N_2}{\partial x}\frac{\partial v_1}{\partial x}+\frac{\partial N_2}{\partial y}\frac{\partial v_1}{\partial y} & \frac{\partial N_3}{\partial x}\frac{\partial v_1}{\partial x}+\frac{\partial N_3}{\partial y}\frac{\partial v_1}{\partial y} & \frac{\partial N_4}{\partial x}\frac{\partial v_1}{\partial x}+\frac{\partial N_4}{\partial y}\frac{\partial v_1}{\partial y} \\ \frac{\partial N_1}{\partial x}\frac{\partial v_2}{\partial x}+\frac{\partial N_1}{\partial y}\frac{\partial v_2}{\partial y} & \frac{\partial N_2}{\partial x}\frac{\partial v_2}{\partial x}+\frac{\partial N_2}{\partial y}\frac{\partial v_2}{\partial y} & \frac{\partial N_3}{\partial x}\frac{\partial v_2}{\partial x}+\frac{\partial N_3}{\partial y}\frac{\partial v_2}{\partial y} & \frac{\partial N_4}{\partial x}\frac{\partial v_2}{\partial x}+\frac{\partial N_4}{\partial y}\frac{\partial v_2}{\partial y} \\ \frac{\partial N_1}{\partial x}\frac{\partial v_3}{\partial x}+\frac{\partial N_1}{\partial y}\frac{\partial v_3}{\partial y} & \frac{\partial N_2}{\partial x}\frac{\partial v_3}{\partial x}+\frac{\partial N_2}{\partial y}\frac{\partial v_3}{\partial y} & \frac{\partial N_3}{\partial x}\frac{\partial v_3}{\partial x}+\frac{\partial N_3}{\partial y}\frac{\partial v_3}{\partial y} & \frac{\partial N_4}{\partial x}\frac{\partial v_3}{\partial x}+\frac{\partial N_4}{\partial y}\frac{\partial v_3}{\partial y} \\ \frac{\partial N_1}{\partial x}\frac{\partial v_4}{\partial x}+\frac{\partial N_1}{\partial y}\frac{\partial v_4}{\partial y} & \frac{\partial N_2}{\partial x}\frac{\partial v_4}{\partial x}+\frac{\partial N_2}{\partial y}\frac{\partial v_4}{\partial y} & \frac{\partial N_3}{\partial x}\frac{\partial v_4}{\partial x}+\frac{\partial N_3}{\partial y}\frac{\partial v_4}{\partial y} & \frac{\partial N_4}{\partial x}\frac{\partial v_4}{\partial x}+\frac{\partial N_4}{\partial y}\frac{\partial v_4}{\partial y} \end{bmatrix} \mathrm{d}\Omega \times$$

$$\begin{bmatrix} T_1 \\ T_2 \\ T_3 \\ T_4 \end{bmatrix} = \begin{bmatrix} \iint_{\Omega_e} v_1 q \mathrm{d}\Omega \\ \iint_{\Omega_e} v_2 q \mathrm{d}\Omega \\ \iint_{\Omega_e} v_3 q \mathrm{d}\Omega \\ \iint_{\Omega_e} v_4 q \mathrm{d}\Omega \end{bmatrix} + \begin{bmatrix} \int_{\Gamma_e} v_1 q_1 \mathrm{d}\Gamma \\ \int_{\Gamma_e} v_2 q_1 \mathrm{d}\Gamma \\ \int_{\Gamma_e} v_3 q_1 \mathrm{d}\Gamma \\ \int_{\Gamma_e} v_4 q_1 \mathrm{d}\Gamma \end{bmatrix} \tag{3-33}$$

将上式写成矩阵形式:

$$\boldsymbol{K}^e \boldsymbol{T}^e = \boldsymbol{Q}_1^e + \boldsymbol{Q}_2^e \tag{3-34}$$

其中:

$\boldsymbol{K}^e =$

$$k\iint_{\Omega_e} \begin{bmatrix} \frac{\partial N_1}{\partial x}\frac{\partial v_1}{\partial x}+\frac{\partial N_1}{\partial y}\frac{\partial v_1}{\partial y} & \frac{\partial N_2}{\partial x}\frac{\partial v_1}{\partial x}+\frac{\partial N_2}{\partial y}\frac{\partial v_1}{\partial y} & \frac{\partial N_3}{\partial x}\frac{\partial v_1}{\partial x}+\frac{\partial N_3}{\partial y}\frac{\partial v_1}{\partial y} & \frac{\partial N_4}{\partial x}\frac{\partial v_1}{\partial x}+\frac{\partial N_4}{\partial y}\frac{\partial v_1}{\partial y} \\ \frac{\partial N_1}{\partial x}\frac{\partial v_2}{\partial x}+\frac{\partial N_1}{\partial y}\frac{\partial v_2}{\partial y} & \frac{\partial N_2}{\partial x}\frac{\partial v_2}{\partial x}+\frac{\partial N_2}{\partial y}\frac{\partial v_2}{\partial y} & \frac{\partial N_3}{\partial x}\frac{\partial v_2}{\partial x}+\frac{\partial N_3}{\partial y}\frac{\partial v_2}{\partial y} & \frac{\partial N_4}{\partial x}\frac{\partial v_2}{\partial x}+\frac{\partial N_4}{\partial y}\frac{\partial v_2}{\partial y} \\ \frac{\partial N_1}{\partial x}\frac{\partial v_3}{\partial x}+\frac{\partial N_1}{\partial y}\frac{\partial v_3}{\partial y} & \frac{\partial N_2}{\partial x}\frac{\partial v_3}{\partial x}+\frac{\partial N_2}{\partial y}\frac{\partial v_3}{\partial y} & \frac{\partial N_3}{\partial x}\frac{\partial v_3}{\partial x}+\frac{\partial N_3}{\partial y}\frac{\partial v_3}{\partial y} & \frac{\partial N_4}{\partial x}\frac{\partial v_3}{\partial x}+\frac{\partial N_4}{\partial y}\frac{\partial v_3}{\partial y} \\ \frac{\partial N_1}{\partial x}\frac{\partial v_4}{\partial x}+\frac{\partial N_1}{\partial y}\frac{\partial v_4}{\partial y} & \frac{\partial N_2}{\partial x}\frac{\partial v_4}{\partial x}+\frac{\partial N_2}{\partial y}\frac{\partial v_4}{\partial y} & \frac{\partial N_3}{\partial x}\frac{\partial v_4}{\partial x}+\frac{\partial N_3}{\partial y}\frac{\partial v_4}{\partial y} & \frac{\partial N_4}{\partial x}\frac{\partial v_4}{\partial x}+\frac{\partial N_4}{\partial y}\frac{\partial v_4}{\partial y} \end{bmatrix} \mathrm{d}\Omega \tag{3-35}$$

称为单元刚阵,其中任一元素为: $k_{ij}^e = k\iint_{\Omega_e} \frac{\partial N_j}{\partial x}\frac{\partial v_i}{\partial x} + \frac{\partial N_j}{\partial y}\frac{\partial v_i}{\partial y}\mathrm{d}\Omega$ ($i, j = 1, 2, 3, 4$)。有限元源于力学,因此这一称呼也沿用下来,后面的节点载荷也是如此。

$$\boldsymbol{T}^e = \begin{bmatrix} T_1 \\ T_2 \\ T_3 \\ T_4 \end{bmatrix}$$ 称为单元节点温度向量。 $\boldsymbol{Q}_1^e = \begin{bmatrix} \iint_{\Omega_e} v_1 q \mathrm{d}\Omega \\ \iint_{\Omega_e} v_2 q \mathrm{d}\Omega \\ \iint_{\Omega_e} v_3 q \mathrm{d}\Omega \\ \iint_{\Omega_e} v_4 q \mathrm{d}\Omega \end{bmatrix}$ 和 $\boldsymbol{Q}_2^e = \begin{bmatrix} \int_{\Gamma_e} v_1 q_1 \mathrm{d}\Gamma \\ \int_{\Gamma_e} v_2 q_1 \mathrm{d}\Gamma \\ \int_{\Gamma_e} v_3 q_1 \mathrm{d}\Gamma \\ \int_{\Gamma_e} v_4 q_1 \mathrm{d}\Gamma \end{bmatrix}$ 称为单

元载荷向量。

推导至此,细心的读者可能会发现,还有一件事没有确定,就是 $v_i(x, y)$

的具体形式。前面论述过，$v_i(x, y)$ 是任意选择的函数，不同的选择会导致不同的结果，在有限元中，$v_i(x, y)$ 选取与形函数 $N_i(x, y)$ 相同的形式，即：

$$v_i(x, y) = N_i(x, y) \quad (i = 1, 2, 3, 4) \tag{3-36}$$

这种选取方法称为迦辽金方法[2]。把上式代入式 3-35 读者会发现，矩阵成为对称矩阵，如果不按式 3-36 选取，矩阵就不是对称矩阵。对称矩阵会给计算带来很大便利，这就是采用迦辽金方法的原因。

根据上面的推导过程，我们就得到了关于节点温度的方程组，这样的方程组是局限在一个单元内的，我们知道，求解域是由许多单元集合在一起构成的，这样，就必须把这些单元方程组综合起来形成一个整体的方程组，达到这一目的之关键是单元刚度矩阵要叠加成整体刚度矩阵。

3.1.5 单元刚度矩阵集成为整体刚度矩阵

为了说明单元刚度矩阵如何集成为整体刚度矩阵，我们举一个求解域简单的例子（复杂情况与此类似），如图 3-3a 所示为一个二维区域，边界上给定热流密度 q_1，区域内有热源强度 q。我们把问题简化，仅用三个四边形单元 a、b、c 对求解域进行划分，如图 3-3b 所示。我们对区域内节点进行了整体编号和局部编号，不加圆圈的数字为整体编号，圆圈内的数字为局部编号，每个单元节点局部编号顺序是一样的，如图 3-3c 所示。

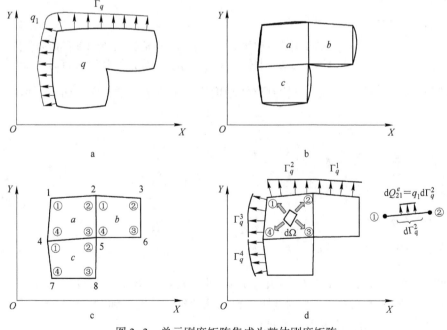

图 3-3 单元刚度矩阵集成为整体刚度矩阵

根据式 3-35，单元 a 的刚度矩阵为：

$$\begin{bmatrix} k_{11}^a & k_{12}^a & k_{13}^a & k_{14}^a \\ k_{21}^a & k_{22}^a & k_{23}^a & k_{24}^a \\ k_{31}^a & k_{32}^a & k_{33}^a & k_{34}^a \\ k_{41}^a & k_{42}^a & k_{43}^a & k_{44}^a \end{bmatrix} \qquad (3\text{-}37)$$

其中：

$$k_{ij}^a = k\iint_{\Omega_e} \frac{\partial N_j}{\partial x}\frac{\partial v_i}{\partial x} + \frac{\partial N_j}{\partial y}\frac{\partial v_i}{\partial y} \mathrm{d}\Omega \quad (i, j = 1, 2, 3, 4)$$

这是一个 4×4 阶矩阵。矩阵的规模和节点个数及节点自由度有一定关系，若求解域节点个数为 n，每个节点自由度为 I，则整体刚度矩阵规模为 $nI \times nI$。在这里，节点只有温度一个物理量，因此自由度为 1，节点个数 $n=8$，故整体刚度矩阵的规模为 8×8，而对于单元来讲，$n=4$，因此单元刚度矩阵规模为 4×4。

单元刚度矩阵和整体刚度矩阵规模不一样，因此将单元刚度矩阵叠加成整体刚度矩阵前，必须把单元刚度矩阵规模扩大至和整体矩阵一致，也就是说，把 4×4 的矩阵扩为 8×8。矩阵扩大的方法为：首先，创建一个空白的为 8×8 矩阵；然后，将单元局部编号变换为整体编号，比如图 3-3c 中，单元 a 局部节点编号①、②、③、④分别对应整体编号 1、2、5、4；接下来，根据整体编号确定单元刚度矩阵元素在整体刚度矩阵中的位置，以单元刚度矩阵元素 k_{23}^a 为例：

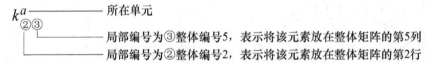

因此根据整体编号，将 k_{23}^a 放置到整体刚度矩阵中第 2 行第 5 列，如下所示：

$$\begin{bmatrix} k_{11}^a & k_{12}^a & k_{13}^a & k_{14}^a \\ k_{21}^a & k_{22}^a & k_{23}^a & k_{24}^a \\ k_{41}^a & k_{42}^a & k_{33}^a & k_{34}^a \\ k_{31}^a & k_{32}^a & k_{43}^a & k_{44}^a \end{bmatrix} \begin{bmatrix} k_{11}^a & k_{12}^a & & k_{14}^a & k_{13}^a \\ k_{21}^a & k_{22}^a & & k_{24}^a & k_{23}^a \\ & & & & \\ k_{41}^a & k_{42}^a & & k_{44}^a & k_{43}^a \\ k_{31}^a & k_{32}^a & & k_{34}^a & k_{55}^a \end{bmatrix} \qquad (3\text{-}38)$$

单元刚度矩阵整体刚度矩阵其余元素做同样处理，单元 a 刚度矩阵最终变为式 3-38。同理单元 b 和 c 的刚度矩阵也如此处理，分别得到整体规模的矩阵，见式 3-39、式 3-40，读者可自行推演一下。

$$\begin{bmatrix} k_{11}^b & k_{12}^b & & k_{14}^b & k_{13}^b & \\ k_{21}^b & k_{22}^b & & k_{24}^b & k_{23}^b & \\ & & & & & \\ k_{41}^b & k_{42}^b & & k_{44}^b & k_{43}^b & \\ k_{31}^b & k_{32}^b & & k_{34}^b & k_{33}^b & \end{bmatrix} \quad (3-39)$$

$$\begin{bmatrix} & & & & & \\ & k_{11}^c & k_{12}^c & & k_{14}^c & k_{13}^c \\ & k_{21}^c & k_{22}^c & & k_{24}^c & k_{23}^c \\ & & & & & \\ & k_{41}^c & k_{42}^c & & k_{44}^c & k_{43}^c \\ & k_{31}^c & k_{32}^c & & k_{34}^c & k_{33}^c \end{bmatrix} \quad (3-40)$$

接下来将式 3-38 ~ 式 3-40 相加,最终得到整体刚度矩阵:

$$\begin{bmatrix} k_{11}^a & k_{12}^a & & k_{14}^a & k_{13}^a & & & \\ k_{21}^a & k_{22}^a+k_{11}^b & k_{12}^b & k_{24}^a & k_{23}^a+k_{14}^b & k_{13}^b & & \\ & k_{21}^b & k_{22}^b & & k_{24}^b & k_{23}^b & & \\ k_{41}^a & k_{42}^a & & k_{44}^a+k_{11}^c & k_{43}^a+k_{12}^c & & k_{14}^c & k_{13}^c \\ k_{31}^a & k_{32}^a+k_{41}^b & k_{42}^b & k_{34}^a+k_{21}^c & k_{33}^a+k_{44}^b+k_{22}^c & k_{43}^b & k_{24}^c & k_{23}^c \\ & k_{31}^b & k_{32}^b & & k_{34}^b & k_{33}^b & & \\ & & & k_{41}^c & k_{42}^c & & k_{44}^c & k_{43}^c \\ & & & k_{31}^c & k_{32}^c & & k_{34}^c & k_{33}^c \end{bmatrix} \quad (3-41)$$

3.1.6 节点温度向量

式 3-33 中,$\boldsymbol{T}^e = \begin{bmatrix} T_1 \\ T_2 \\ T_3 \\ T_4 \end{bmatrix}$,称为单元节点温度向量,这里的 T_i($i=1,2,3,4$)的下标为单元节点的局部编号,参见图 3-3。

和单元矩阵叠加为整体矩阵类似,单元节点温度向量也要扩展为整体温度向量。因为共有 8 个温度节点,因此整体温度向量为 8×1。扩展时,首先生成一个空白的 8×1 列向量，然后将单元局部编号换成整体编号；最后根据整体编号确定该元素在整体列向量中的位置，然后填入到整体向量中去。

以 a 单元节点③的温度 T_3 为例。图 3-3 中，a 单元的节点③在整体中的编号为 5，因此应将 T_3 填入整体向量的第 5 行：

$$\begin{bmatrix} T_1 \\ T_2 \\ T_3 \\ T_4 \end{bmatrix} \longrightarrow \begin{bmatrix} T_1 \\ T_2 \\ T_3 \\ T_4 \\ T_5 \\ T_6 \\ T_7 \\ T_8 \end{bmatrix}$$

左边为局部编号，右边为整体编号。

其余节点温度做类似处理，就得到整体的温度向量。

3.1.7 单元等效节点载荷

式 3-33 右边的两项：

$$Q_1^e = \begin{bmatrix} \iint_{\Omega_e} v_1 q \mathrm{d}\Omega \\ \iint_{\Omega_e} v_2 q \mathrm{d}\Omega \\ \iint_{\Omega_e} v_3 q \mathrm{d}\Omega \\ \iint_{\Omega_e} v_4 q \mathrm{d}\Omega \end{bmatrix} \quad Q_2^e = \begin{bmatrix} \int_{\Gamma_e} v_1 q_1 \mathrm{d}\Gamma \\ \int_{\Gamma_e} v_2 q_1 \mathrm{d}\Gamma \\ \int_{\Gamma_e} v_3 q_1 \mathrm{d}\Gamma \\ \int_{\Gamma_e} v_4 q_1 \mathrm{d}\Gamma \end{bmatrix}$$

这里把单元内的热源强度和边界上的热流密度看做是外载荷，因此称为载荷列阵。有限元计算时要把区域离散，只计算节点的温度，因此单元内连续分布的热源强度 q 和边界的热流密度 q_1 要等效到节点上去。以单元 a 为例，首先看

$$Q_1^e = \begin{bmatrix} \iint_{\Omega_e} v_1 q \mathrm{d}\Omega \\ \iint_{\Omega_e} v_2 q \mathrm{d}\Omega \\ \iint_{\Omega_e} v_3 q \mathrm{d}\Omega \\ \iint_{\Omega_e} v_4 q \mathrm{d}\Omega \end{bmatrix}$$

这一项。取第一个元素 $Q_{11}^a = \iint_{\Omega_a} v_1 q \mathrm{d}\Omega$ 为例（注意上标由 e 变为 a）。由于采用迦辽金方法，$v_1 = N_1$，因此 $Q_{11}^a = \iint_{\Omega_a} N_1 q \mathrm{d}\Omega$，它的意义如下：

在图 3-3d 中，在单元 a 内取一微小面积 $\mathrm{d}\Omega$，由于单位面积上产生的热量为 q，因此 $\mathrm{d}\Omega$ 面积上产生的热量为：$\mathrm{d}q = q\mathrm{d}\Omega$。有限元计算时要把这些热量等效到节点上去，即把 $\mathrm{d}q = q\mathrm{d}\Omega$ 分成四份，分配给单元 a 的四个节点①、②、③、④，其中分配给节点①的热量为：$\mathrm{d}Q_{11}^a = N_1 q \mathrm{d}\Omega$，在整个单元上积分，就得到节点①被分配的总热量为：$Q_{11}^a = \iint_{\Omega_a} N_1 q \mathrm{d}\Omega$。其他三个节点分配给的热量分别为：$Q_2^a = \iint_{\Omega_e} v_2 q \mathrm{d}\Omega$、$Q_3^a = \iint_{\Omega_e} v_3 q \mathrm{d}\Omega$、$Q_4^a = \iint_{\Omega_e} v_4 q \mathrm{d}\Omega$。这里只讨论了单元 a，其他单元处理方法与此相同，但有一点要注意：因为有的节点为几个单元共有，比如节点 5（整体编号）被单元 a、b、c 共有，因此，它获得的热量应该有三份，分别由单元 a、b、c 所供给：

$$Q_5 = Q_3^a + Q_4^b + Q_2^c = \iint_{\Omega_a} v_3 q \mathrm{d}\Omega + \iint_{\Omega_b} v_4 q \mathrm{d}\Omega + \iint_{\Omega_c} v_2 q \mathrm{d}\Omega$$

注意三个积分式的下标。

$$Q_2^e = \begin{bmatrix} \int_{\Gamma_e} v_1 q_1 \mathrm{d}\Gamma \\ \int_{\Gamma_e} v_2 q_1 \mathrm{d}\Gamma \\ \int_{\Gamma_e} v_3 q_1 \mathrm{d}\Gamma \\ \int_{\Gamma_e} v_4 q_1 \mathrm{d}\Gamma \end{bmatrix}$$ 的意义和 Q_1^e 一样，只不过是在边界上。如图 3-3a 所示，在边界 Γ_q 上分布着热流密度 q_1。当用有限元计算时，求解域被离散，原来的边界被单元边界取代变为折线边界，图 3-3a 中的 Γ_q 变成图 3-3d 中的四段 Γ_q^1、Γ_q^2、Γ_q^3、Γ_q^4。在 Γ_q^2 上取一微小段边界 $\mathrm{d}\Gamma_2^q$，如图 3-3d 所示，这一微线段上向外界传出（入）的热量为 $\mathrm{d}q_1 = q_1 \mathrm{d}\Gamma_2^q$，同前面讨论类似，这些热量要被分配给单元 a 边界上的①、②两点，其中①得到的热量为：$\mathrm{d}Q_{21}^e = N_1 q_1 \mathrm{d}\Gamma$，沿整个边界积分就得到总热量：

$$Q_{21}^a = \int_{\Gamma_q^2} v_1 q_1 \mathrm{d}\Gamma + \int_{\Gamma_q^3} v_1 q_1 \mathrm{d}\Gamma$$

由于单元 a 的①节点只和边界 Γ_q^2、Γ_q^3 有关，因此积分里只包含 Γ_q^2、Γ_q^3 这两项。其他边界节点处理与此类似。

3.1.8 整体方程组形式及意义

将单元刚度矩阵和温度以及节点载荷向量组装完毕后，得到整体方程如下：

$$\begin{bmatrix} k_{11}^a & k_{12}^a & & k_{14}^a & k_{13}^a & & & \\ k_{21}^a & k_{22}^a+k_{11}^b & k_{12}^b & k_{24}^a & k_{23}^a+k_{14}^b & k_{13}^b & & \\ & k_{21}^b & k_{22}^b & & k_{24}^b & k_{23}^b & & \\ k_{41}^a & k_{42}^a & & k_{44}^a+k_{11}^c & k_{43}^a+k_{12}^c & & k_{14}^c & k_{13}^c \\ k_{31}^a & k_{32}^a+k_{41}^b & k_{42}^b & k_{34}^a+k_{21}^c & k_{33}^a+k_{44}^b+k_{22}^c & k_{43}^b & k_{24}^c & k_{23}^c \\ & k_{31}^b & k_{32}^b & & k_{34}^b & k_{33}^b & & \\ & & & k_{41}^c & k_{42}^c & & k_{44}^c & k_{43}^c \\ & & & k_{31}^c & k_{32}^c & & k_{34}^c & k_{33}^c \end{bmatrix} \begin{bmatrix} T_1 \\ T_2 \\ T_3 \\ T_4 \\ T_5 \\ T_6 \\ T_7 \\ T_8 \end{bmatrix}$$

$$= \begin{bmatrix} \iint_{\Omega_a} v_1 q \mathrm{d}\Omega \\ \iint_{\Omega_a} v_2 q \mathrm{d}\Omega + \iint_{\Omega_b} v_1 q \mathrm{d}\Omega \\ \iint_{\Omega_b} v_2 q \mathrm{d}\Omega \\ \iint_{\Omega_a} v_4 q \mathrm{d}\Omega + \iint_{\Omega_c} v_1 q \mathrm{d}\Omega \\ \iint_{\Omega_a} v_3 q \mathrm{d}\Omega + \iint_{\Omega_b} v_4 q \mathrm{d}\Omega + \iint_{\Omega_c} v_2 q \mathrm{d}\Omega \\ \iint_{\Omega_b} v_3 q \mathrm{d}\Omega \\ \iint_{\Omega_c} v_4 q \mathrm{d}\Omega \\ \iint_{\Omega_c} v_3 q \mathrm{d}\Omega \end{bmatrix} + \begin{bmatrix} \int_{\Gamma_q^2} v_1 q_1 \mathrm{d}\Gamma + \int_{\Gamma_q^3} v_1 q_1 \mathrm{d}\Gamma \\ \int_{\Gamma_q^2} v_2 q_1 \mathrm{d}\Gamma + \int_{\Gamma_q^1} v_1 q_1 \mathrm{d}\Gamma \\ \int_{\Gamma_q^1} v_2 q_1 \mathrm{d}\Gamma \\ \int_{\Gamma_q^3} v_4 q_1 \mathrm{d}\Gamma + \int_{\Gamma_q^4} v_1 q_1 \mathrm{d}\Gamma \\ 0 \\ 0 \\ \int_{\Gamma_q^4} v_4 q_1 \mathrm{d}\Gamma \\ 0 \end{bmatrix} \quad (3-42)$$

下面我们解释上述方程的物理意义，现取第五个方程，展开如下（下标为局部编号）：

$$k_{31}^a T_1 + (k_{32}^a + k_{41}^b) T_2 + k_{42}^b T_3 + (k_{34}^a + k_{21}^c) T_4 + (k_{33}^a + k_{44}^b + k_{22}^c) T_5 + k_{43}^b T_6 + k_{24}^c T_7 + k_{23}^c T_8 =$$

$$\underbrace{\left[\iint_{\Omega_a} v_3 q\mathrm{d}\Omega \right.}_{\substack{\text{单元}a\text{内热}\\\text{源热量,分}\\\text{配给节点}\\\text{5的部分}}} + \underbrace{\iint_{\Omega_b} v_4 q\mathrm{d}\Omega}_{\substack{\text{单元}b\text{内热}\\\text{源热量,分}\\\text{配给节点5}\\\text{的部分}}} + \underbrace{\left.\iint_{\Omega_c} v_2 q\mathrm{d}\Omega\right]}_{\substack{\text{单元}c\text{内热源}\\\text{热量,分配给}\\\text{节点5的部分}}}$$

等号右全部热量通过单元 a 传给节点2的部分 ；等号右全部热量通过单元 b 传给节点2的部分

等效到节点5的全部热量

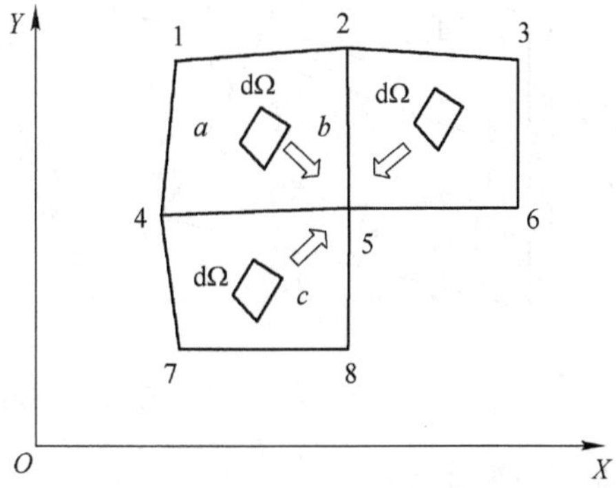

图 3-4 节点载荷分配示意图

其中刚度矩阵元素如 k_{32}^a、k_{41}^b 在这里具有导热系数的意义。其余方程读者可自行对比分析。

节点载荷分配如图 3-4 所示。

3.1.9 数值积分

前面得到的方程组 3-42 中有很多积分项，比如刚度矩阵元素：

$$k_{ij}^e = k\iint_{\Omega_e}\frac{\partial N_j}{\partial x}\frac{\partial v_i}{\partial x} + \frac{\partial N_j}{\partial y}\frac{\partial v_i}{\partial y}\Omega \quad (i,j = 1,2,3,4)$$

当采用迦辽金方法时，$v_i = N_i$ $(i=1,2,3,4)$，因而矩阵元素进一步变为：

$$k_{ij}^e = k\iint_{\Omega_e}\left(\frac{\partial N_i}{\partial x}\frac{\partial N_j}{\partial x} + \iint_{\Omega_e}\frac{\partial N_i}{\partial y}\frac{\partial N_j}{\partial y}\right)\mathrm{d}\Omega \quad (i,j = 1,2,3,4)$$

当在直角坐标系下时，由于 $N_i(x, y)$ 为自变量 x、y 的简单函数，因此得到积分结果并不困难。

但是，如果整个推导过程不在直角坐标系下，而是在自然坐标系下，如 2.4 节中的等参单元的话，那么上式中的 N_i 的自变量就是局部坐标下的自变量 ξ 和 η，如图 3-5 所示，这时单元刚度矩阵元素变成如下形式：

$$k_{ij}^e = k\iint_{\Omega_e}\left[\frac{\partial N_i(\xi, \eta)}{\partial x}\frac{\partial N_j(\xi, \eta)}{\partial x} + \frac{\partial N_i(\xi, \eta)}{\partial y}\frac{\partial N_j(\xi, \eta)}{\partial y}\right]\mathrm{d}\omega \quad (3-43)$$

积分域变为 $\xi, \eta \in [-1, 1]$；$\mathrm{d}\omega$ 为自然坐标系下的面积元（注意，面积元四个边应分别与 ob、oc 平行），由于自然坐标系下坐标轴夹角不是直角，因此 $\mathrm{d}\omega \neq \mathrm{d}\xi\mathrm{d}\eta$，而直角坐标系下，面积元 $\mathrm{d}\Omega = \mathrm{d}x\mathrm{d}y$。

此时计算式 3-43 的积分存在坐标变换的问题。由于直角坐标和自然坐标存

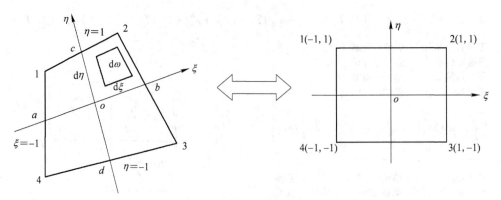

图 3-5　等参单元映射示意图

在如下变换关系：

$$\begin{cases} x = x_1 N_1(\xi,\ \eta) + x_2 N_2(\xi,\ \eta) + x_3 N_3(\xi,\ \eta) + x_4 N_4(\xi,\ \eta) \\ y = y_1 N_1(\xi,\ \eta) + y_2 N_2(\xi,\ \eta) + y_3 N_3(\xi,\ \eta) + y_4 N_4(\xi,\ \eta) \end{cases} \quad (3-44)$$

因此式 3-43 的积分需做如下处理：

$$\frac{\partial N_i(\xi,\ \eta)}{\partial \xi} = \frac{\partial N_i(\xi,\ \eta)}{\partial x} \frac{\partial x}{\partial \xi} + \frac{\partial N_i(\xi,\ \eta)}{\partial y} \frac{\partial y}{\partial \xi}$$

$$\frac{\partial N_i(\xi,\ \eta)}{\partial \eta} = \frac{\partial N_i(\xi,\ \eta)}{\partial x} \frac{\partial x}{\partial \eta} + \frac{\partial N_i(\xi,\ \eta)}{\partial y} \frac{\partial y}{\partial \eta}$$

写成矩阵形式：

$$\begin{bmatrix} \dfrac{\partial N_i(\xi,\ \eta)}{\partial \xi} \\ \dfrac{\partial N_i(\xi,\ \eta)}{\partial \eta} \end{bmatrix} = \begin{bmatrix} \dfrac{\partial x}{\partial \xi} & \dfrac{\partial y}{\partial \xi} \\ \dfrac{\partial x}{\partial \eta} & \dfrac{\partial y}{\partial \eta} \end{bmatrix} \begin{bmatrix} \dfrac{\partial N_i(\xi,\ \eta)}{\partial x} \\ \dfrac{\partial N_i(\xi,\ \eta)}{\partial y} \end{bmatrix} \quad (3-45)$$

令：

$$\boldsymbol{J} = \begin{bmatrix} \dfrac{\partial x}{\partial \xi} & \dfrac{\partial y}{\partial \xi} \\ \dfrac{\partial x}{\partial \eta} & \dfrac{\partial y}{\partial \eta} \end{bmatrix} \quad (3-46)$$

该矩阵称为雅可比矩阵。

于是式 3-45 可变换为：

$$\begin{bmatrix} \dfrac{\partial N_i(\xi,\ \eta)}{\partial x} \\ \dfrac{\partial N_i(\xi,\ \eta)}{\partial y} \end{bmatrix} = \begin{bmatrix} \dfrac{\partial x}{\partial \xi} & \dfrac{\partial y}{\partial \xi} \\ \dfrac{\partial x}{\partial \eta} & \dfrac{\partial y}{\partial \eta} \end{bmatrix}^{-1} \begin{bmatrix} \dfrac{\partial N_i(\xi,\ \eta)}{\partial \xi} \\ \dfrac{\partial N_i(\xi,\ \eta)}{\partial \eta} \end{bmatrix} \quad (3-47)$$

或

$$\left\{\begin{array}{c}\dfrac{\partial N_i(\xi,\eta)}{\partial x}\\ \dfrac{\partial N_i(\xi,\eta)}{\partial y}\end{array}\right\} = \boldsymbol{J}^{-1}\left[\begin{array}{c}\dfrac{\partial N_i(\xi,\eta)}{\partial \xi}\\ \dfrac{\partial N_i(\xi,\eta)}{\partial \eta}\end{array}\right] \tag{3-48}$$

其中：

$$\boldsymbol{J}^{-1} = \frac{1}{|\boldsymbol{J}|}\left|\begin{array}{cc}\dfrac{\partial y}{\partial \eta} & -\dfrac{\partial y}{\partial \xi}\\ -\dfrac{\partial x}{\partial \eta} & \dfrac{\partial x}{\partial \xi}\end{array}\right|$$

于是式 3-48 变为：

$$\left\{\begin{array}{l}\dfrac{\partial N_i(\xi,\eta)}{\partial x} = \dfrac{1}{|\boldsymbol{J}|}\left[\dfrac{\partial N_i(\xi,\eta)}{\partial \xi}\dfrac{\partial y}{\partial \eta} - \dfrac{\partial N_i(\xi,\eta)}{\partial \eta}\dfrac{\partial y}{\partial \xi}\right]\\ \dfrac{\partial N_i(\xi,\eta)}{\partial y} = \dfrac{1}{|\boldsymbol{J}|}\left[-\dfrac{\partial N_i(\xi,\eta)}{\partial \xi}\dfrac{\partial x}{\partial \eta} + \dfrac{\partial N_i(\xi,\eta)}{\partial \eta}\dfrac{\partial x}{\partial \xi}\right]\end{array}\right. \tag{3-49}$$

至此式 3-43 中偏导数诸项均得到落实，下面推导 $\mathrm{d}\omega$。由式 3-44 可知，ξ、η 是 x、y 的函数，因此有：

$$\left\{\begin{array}{l}\mathrm{d}\xi = \dfrac{\partial x}{\partial \xi}\mathrm{d}\xi_i + \dfrac{\partial y}{\partial \xi}\mathrm{d}\xi_j\\ \mathrm{d}\eta = \dfrac{\partial x}{\partial \eta}\mathrm{d}\eta_i + \dfrac{\partial y}{\partial \eta}\mathrm{d}\eta_j\end{array}\right.$$

于是面积元的面积为：

$$\mathrm{d}\omega = \mathrm{d}\xi \times \mathrm{d}\eta = |\boldsymbol{J}|\,\mathrm{d}\xi\mathrm{d}\eta \tag{3-50}$$

将式 3-49、式 3-50 代入式 3-43，得到自然坐标系下的刚度矩阵表达式：

$$k_{ij}^e = \left\{k\iint_{\Omega_e}\frac{1}{|\boldsymbol{J}|}\left[\frac{\partial N_i(\xi,\eta)}{\partial \xi}\frac{\partial y}{\partial \eta} - \frac{\partial N_i(\xi,\eta)}{\partial \eta}\frac{\partial y}{\partial \xi}\right]\frac{1}{|\boldsymbol{J}|}\left[\frac{\partial N_j(\xi,\eta)}{\partial \xi}\frac{\partial y}{\partial \eta} - \frac{\partial N_j(\xi,\eta)}{\partial \eta}\frac{\partial y}{\partial \xi}\right] + \frac{1}{|\boldsymbol{J}|}\left[-\frac{\partial N_i(\xi,\eta)}{\partial \xi}\frac{\partial x}{\partial \eta} + \frac{\partial N_i(\xi,\eta)}{\partial \eta}\frac{\partial x}{\partial \xi}\right]\frac{1}{|\boldsymbol{J}|}\times\left[-\frac{\partial N_j(\xi,\eta)}{\partial \xi}\frac{\partial x}{\partial \eta} + \frac{\partial N_j(\xi,\eta)}{\partial \eta}\frac{\partial x}{\partial \xi}\right]\right\}|\boldsymbol{J}|\mathrm{d}\xi\mathrm{d}\eta$$

如果将积分号内记为 $f(\xi,\eta)$ 的话，则上式变为：

$$k_{ij}^e = \iint_{\Omega_e} f(\xi,\eta)\mathrm{d}\xi\mathrm{d}\eta$$

前面我们讨论过，在自然坐标系内任意四边形等价看成矩形，因此上式积分范围是边长为 2 的矩形区域：

$$k_{ij}^e = \int_{-1}^{1}\int_{-1}^{1} f(\xi,\eta)\mathrm{d}\xi\mathrm{d}\eta$$

由于 $f(\xi, \eta)$ 形式复杂，积分十分困难，因此采用高斯求积法计算上式，就是把上式变为如下的求和形式：

$$k_{ij}^e = \int_{-1}^{1}\int_{-1}^{1} f(\xi, \eta) \mathrm{d}\xi \mathrm{d}\eta = \sum_{i=1}^{n}\sum_{j=1}^{n} H_i H_j f(\xi_i, \eta_j) \qquad (3-51)$$

其中 (ξ_i, η_j) 为高斯积分点坐标，H_i、H_j 为权系数，n 则为积分点的个数，点越多结果越精确，积分点以及权系数见表 3-1[3]。

表 3-1 高斯积分点坐标和权系数

n	积分点坐标	权系数
1	0	2
2	±0.5773502692	1
3	±0.77459666920 0	0.555555556 0.888888889
4	±0.8611363116 ±0.3399810436	0.3478548451 0.6521451549
5	±0.9061798459 ±0.5384693101 0	0.2369268851 0.4786286705 0.568888889

3.1.10 边界条件的施加

形成整体方程 3-42 后，还不能立即求解，还须施加边界条件，否则刚度矩阵奇异，无法求解，现将方程 3-42 写成简单形式：

$$\begin{bmatrix} K_{11} & K_{12} & \cdots & K_{1i} & \cdots & K_{1n} \\ K_{21} & K_{22} & \cdots & K_{2i} & \cdots & K_{2n} \\ \vdots & \vdots & & \vdots & & \vdots \\ K_{i1} & K_{i2} & \cdots & K_{ii} & \cdots & K_{in} \\ \vdots & \vdots & & \vdots & & \vdots \\ K_{n1} & K_{n2} & \cdots & K_{ni} & \cdots & K_{nn} \end{bmatrix} \begin{bmatrix} T_1 \\ T_2 \\ \vdots \\ T_i \\ \vdots \\ T_n \end{bmatrix} = \begin{bmatrix} Q_1 \\ Q_2 \\ \vdots \\ Q_i \\ \vdots \\ Q_n \end{bmatrix} \qquad (3-52)$$

当边界上节点温度已知时，比如 $T_i = \overline{T}$，此时应把这个条件加到方程中，主要方法有置 1 法、乘大数法和加大数法。

3.1.10.1 置 1 法

如式 3-53 所示，将刚度矩阵第 i 行第 i 列元素置为 1，其余元素置为 0，同时把温度列阵第 i 行置为 $\overline{T}$，相应载荷列阵第 i 行置为 $\overline{T}$，这样自然得出 $T = \overline{T}$ 的结论。

$$\begin{bmatrix} K_{11} & K_{12} & \cdots & 0 & \cdots & K_{1n} \\ K_{21} & K_{22} & \cdots & 0 & \cdots & K_{2n} \\ \vdots & \vdots & \vdots & 0 & \vdots & \vdots \\ 0 & 0 & 0 & 1 & 0 & 0 \\ \vdots & \vdots & \vdots & \vdots & \vdots & \vdots \\ K_{n1} & K_{n2} & \cdots & 0 & \cdots & K_{nn} \end{bmatrix} \begin{bmatrix} T_1 \\ T_2 \\ \vdots \\ \overline{T} \\ \vdots \\ T_n \end{bmatrix} = \begin{bmatrix} Q_1 \\ Q_2 \\ \vdots \\ \overline{T} \\ \vdots \\ Q_n \end{bmatrix} \quad (3-53)$$

3.1.10.2 乘大数法

将方程式 3-52 刚度矩阵第 i 行第 i 列元素 K_{ii} 乘以大数，比如 10^{12}，同时载荷列第 i 行用 $\overline{T} \times K_{ii} \times 10^{12}$ 替代，如式 3-54：

$$\begin{bmatrix} K_{11} & K_{12} & \cdots & K_{1i} & \cdots & K_{1n} \\ K_{21} & K_{22} & \cdots & K_{2i} & \cdots & K_{2n} \\ \vdots & \vdots & \vdots & \vdots & \vdots & \vdots \\ K_{i1} & K_{i2} & \cdots & 10^{12} \times K_{ii} & \cdots & K_{in} \\ \vdots & \vdots & \vdots & \vdots & \vdots & \vdots \\ K_{n1} & K_{n2} & \cdots & K_{ni} & \cdots & K_{nn} \end{bmatrix} \begin{bmatrix} T_1 \\ T_2 \\ \vdots \\ T_i \\ \vdots \\ T_n \end{bmatrix} = \begin{bmatrix} Q_1 \\ Q_2 \\ \vdots \\ \overline{T} \times K_{ii} \times 10^{12} \\ \vdots \\ Q_n \end{bmatrix} \quad (3-54)$$

这样，第 i 行展开后得到：

$$K_{i1}T_1 + K_{i2}T_2 + \cdots + 10^{12} \times K_{ii}T_i + \cdots + K_{in}T_n = \overline{T} \times K_{ii} \times 10^{12} \quad (3-55)$$

由于等式左面 $10^{12} \times K_{ii}T_i$ 这一项很大，其余项可忽略，因此式 3-55 变为：

$$10^{12} \times K_{ii} \times T_i \approx \overline{T} \times K_{ii} \times 10^{12}$$

于是得到：

$$T_i \approx \overline{T}$$

3.1.10.3 加大数法

和乘大数法类似，用一个大数，比如 $M = 12^{50}$，加到刚度矩阵第 i 行第 i 列元素上，同时载荷列阵第 i 行变为 $M\overline{T}$，如式 3-56 所示：

$$\begin{bmatrix} K_{11} & K_{12} & \cdots & K_{1i} & \cdots & K_{1n} \\ K_{21} & K_{22} & \cdots & K_{2i} & \cdots & K_{2n} \\ \vdots & \vdots & \vdots & \vdots & \vdots & \vdots \\ K_{i1} & K_{i2} & \cdots & K_{ii}+M & \cdots & K_{in} \\ \vdots & \vdots & \vdots & \vdots & \vdots & \vdots \\ K_{n1} & K_{n2} & \cdots & K_{ni} & \cdots & K_{nn} \end{bmatrix} \begin{bmatrix} T_1 \\ T_2 \\ \vdots \\ T_i \\ \vdots \\ T_n \end{bmatrix} = \begin{bmatrix} Q_1 \\ Q_2 \\ \vdots \\ M\overline{T} \\ \vdots \\ Q_n \end{bmatrix} \quad (3-56)$$

当第 i 行展开后：

$$K_{i1}T_1 + K_{i2}T_2 + \cdots + (K_{ii} + M)T_i + \cdots + K_{in}T_n = M\overline{T} \quad (3-57)$$

由于 $(K_{ii}+M)T_i$ 项很大，其余项可忽略，于是上式变为：

$$(K_{ii} + M)T_i \approx M\overline{T}$$

由于 K_{ii} 比 M 小很多，因此可忽略，得到 $MT_i \approx M\overline{T}$，从而得到 $T_i \approx \overline{T}$。

3.1.11 方程求解

得到了以节点温度为未知量的方程组，在施加完边界条件后就可以求解了。求解方程组有很多方法，现在很多有限元软件都会根据问题的性质、特点，自动选择合适的求解方法，不需要读者特地去设置；另外，如何求解方程涉及数值分析，这也是一个庞大的体系，难以详述，因此这里只简单介绍一下方程组的基本解法，不做过深的探讨，读者有兴趣可以查阅相关的资料[4]。

3.1.11.1 线性方程组的解法

所谓线性方程组，就是未知数前面系数为常数的方程组，这类方程组求解比较容易，主要方法有直接法和迭代法。

A 直接法

直接法就是我们熟知的加减消元法，在初中就接触过，主要包括高斯消元法、列主消元法、三角分解法、平方根法和追赶法。这些方法，只是根据各种方程的特点，进行了发展、改进，但没有本质的不同。

B 迭代法

由于计算机字节位数有限，数据一般有舍入误差，因此通过直接法求得的结果存在误差，为了尽量减小误差，采用迭代法，主要有：Jacobi 迭代法、Guass-Seidel 迭代法、超松弛迭代（SOR）法等。这些方法也是为了提高精度和收敛性速度而发展的方法，本质上并无不同，其原理如下：

设有一个方程组 $Ax=b$，将其改写成如下形式：

$$x = Bx + f$$

然后构造迭代方程：

$$x^{(k+1)} = Bx^{(k)} + f \quad (3-58)$$

B 为迭代矩阵，k 为迭代次数。方程的解法是从某个初始解 $x^{(0)}$ 出发，计算出 $x^{(1)}$，$x^{(1)}$ 向真实解逼近了一步，然后再利用 $x^{(1)}$ 计算出 $x^{(2)}$，诸如此类，反复迭代，一直到 $|x^{(k+1)} - x^{(k)}| \leq err$，计算结束，$err$ 为给定的收敛误差限。

下面举一个简单例子，说明计算过程。设有一个二元一次方程组：

$$\begin{cases} 3x_1 + 4x_2 = 5 \\ 5x_1 + 2x_2 = 7 \end{cases} \quad (3\text{-}59)$$

精确解为 (9/7, 2/7)。采用迭代法求解，构造迭代形式如下：

$$\begin{cases} x_1 = -\dfrac{4}{3}x_2 + \dfrac{5}{3} & \text{①} \\ x_2 = -\dfrac{5}{2}x_1 + \dfrac{7}{2} & \text{②} \end{cases}$$

我们从一个初始解 $x_1^{(0)} = \dfrac{2}{3}$ 出发，通过方程①得到一个近似解 $x_2^{(1)}$，然后将 $x_2^{(1)}$ 代入方程②得到 $x_1^{(1)}$，这样就得到了一组改进的近似解 ($x_1^{(1)}$, $x_2^{(1)}$)。然后，从 $x_1^{(1)}$、$x_2^{(1)}$ 开始再进行上述迭代，直至满足 $|x^{(k+1)} - x^{(k)}| \leq err$，其迭代过程如图 3-6 中箭头所示。

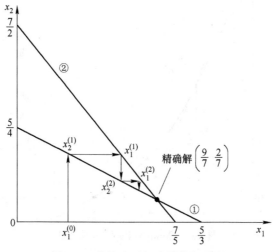

图 3-6 线性方程组迭代求解过程

3.1.11.2 非线性方程组解法

非线性方程组是指未知数的系数不再是常数，而是和未知数耦合在一起的方程组，以我们常见的非线性方程 $f(x) = x^2$ 为例，该方程可改写成如下形式：

$$f(x) = x^2 = x \times x = k(x) \times x \quad (3\text{-}60)$$

变量 x 前面的系数 $k(x)$ 不再是常数，因此曲线斜率是随自变量 x 变化的，所谓非线性就是这个意思。这类方程使用迭代方法求解，迭代的核心思想是构造迭代方程。现将方程 3-60 进行泰勒展开：

$$f(x) = f(x_0) + f'(x_0)(x - x_0) + \dfrac{1}{2!}f''(x_0)(x - x_0)^2 + \cdots + \dfrac{1}{n!}f^{(n)}(x_0)(x - x_0)^n + \cdots$$

取前两项：
$$f(x) = f(x_0) + f'(x_0)(x - x_0)$$
由于 $f(x) = 0$，因此 $f(x_0) + f'(x_0)(x - x_0) = 0$。将该式变形：
$$x = x_0 - \frac{f(x_0)}{f'(x_0)}$$
这就是非线性方程的迭代方程，x 是 x_0 的改进解，一般将上式写成：
$$x^{(k+1)} = x^{(k)} - \frac{f(x^{(k)})}{f'(x^{(k)})} \tag{3-61}$$

迭代过程如图3-7所示，从初始解 $x^{(0)}$（一般靠经验的猜测，越接近真解 x^* 越好）出发，计算出 $f'(x_0)$，然后根据式3-61求得近似解 $x^{(1)}$；之后从 $x^{(1)}$ 出发再重复上述步骤，直至逼近真解 x^*。

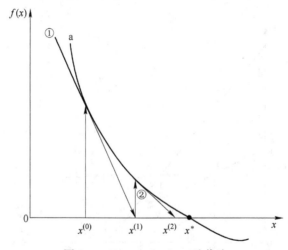

图 3-7 Newton-Raphson 迭代法

这种方法的实质是，每一步迭代都是在曲线 a 的 $x^{(0)}$ 处产生一条切线，如图中直线①，斜率为 $f'(x_0)$。这条切线就作为曲线的一个近似，然后求这条切线与 x 轴的交点 $x^{(1)}$，$x^{(1)}$ 就是真解的一个近似解；然后再从 $x^{(1)}$ 出发，在曲线 a 的 $x^{(1)}$ 处再作一条切线，如图中的切线②，切线②作为曲线的又一个近似，解出近似解 $x^{(2)}$；然后从 $x^{(2)}$ 出发，重复上述步骤直至 $\left(\dfrac{9}{7} \quad \dfrac{2}{7}\right)$，从而得到 x^* 的近似解 $x^{(k+1)}$。这种方法称为 Newton-Raphson 方法，很多迭代方法都是从这种方法演变来的。

3.2 有限元基本理论之二——变分原理

前面采用加权余量法得到了关于节点温度的方程组。实际上还可以通过其他方法得到这个方程组,这就是本节将要介绍的变分原理,二者方法不同,但结果一致。

3.2.1 泛函的基本概念

变分是研究泛函极值的方法。所谓泛函,就是函数的函数,即更广泛意义上的函数,形如 $T[y(x)]$。历史上著名的最速降线问题[5],就是泛函应用的典型例子。

如图 3-8 所示,在 XOY 坐标系下有两个点 A、B,其中 A 在坐标原点,B 点坐标为 (x_1, y_1)。

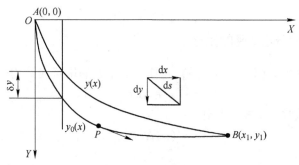

图 3-8 最速降线

一条曲线连接 A、B 两点。现将一小球从 A 点释放,小球在重力作用下沿曲线由 A 滑行到 B,如果不计摩擦力,求一条能使小球滑行所花费时间最少的曲线。我们不妨设连接 A、B 两点的曲线方程为 $y(x)$,当小球滑行到曲线任一点 P 时,由重力势能转变为动能,使小球具有了速度 v,根据能量守恒定律:

$$mgy = \frac{1}{2}mv^2 \qquad (3-62)$$

求出速度:

$$v = \sqrt{2gy} \qquad (3-63)$$

当小球到达 P 点后,再向前滑行微小弧长 ds 后,所经历的时间为:

$$dt = \frac{ds}{v} \qquad (3-64)$$

于是整段曲线滑行所需时间为:

$$T = \int_A^B dt = \int_A^B \frac{ds}{v} \qquad (3-65)$$

将式 3-63 代入式 3-65 并注意

$$ds = \sqrt{(dx)^2 + (dy)^2} = \sqrt{1 + \left(\frac{dy}{dx}\right)^2} dx$$

得：

$$T = \int_0^{x_1} \sqrt{\frac{1+\left(\frac{dy}{dx}\right)^2}{2gy}} dx \tag{3-66}$$

即：

$$T[y(x), y'(x)] = \int_0^{x_1} \sqrt{\frac{1+y'^2}{2gy}} dx \tag{3-67}$$

可见，滑行时间与曲线方程 $y(x)$ 有关，是关于 $y(x)$ 的函数，这种函数的函数就称为泛函。使小球滑行时间最短的曲线 [不妨设为 $y_0(x)$]，使式 3-66 取得极值。

3.2.2 函数的微分与泛函的变分

根据高等数学知识，函数 $y(x)$ 在任一点 x 处的增量表达为[6]：

$$\Delta y = y(x + \Delta x) - y(x) \tag{3-68}$$

当函数连续可微时，上式可写作：

$$\Delta y = y'(x)\Delta x + o(\Delta x) \tag{3-69}$$

其中：

$$y' = \lim_{\Delta x \to 0} \frac{\Delta y}{\Delta x} = \frac{dy}{dx}$$

$o(\Delta x)$ 是关于 Δx 的微小量。

我们称 $y'(x)\Delta x$ 为函数增量的线性主部或微分。上述概念还可以用另一种方式描述，令：

$$\Delta y = y(x + \varepsilon\Delta x) - y(x) \tag{3-70}$$

其中 ε 是一微小数。

这样式 3-71 成立：

$$\frac{\partial y(x + \varepsilon\Delta x)}{\partial \varepsilon} = \frac{\partial y(x + \varepsilon\Delta x)}{\partial(x + \varepsilon\Delta x)} \frac{\partial(x + \varepsilon\Delta x)}{\partial \varepsilon} = y'(x + \varepsilon\Delta x)\Delta x \tag{3-71}$$

当 $\varepsilon \to 0$ 时：

$$\frac{\partial y(x + \varepsilon\Delta x)}{\partial \varepsilon}\Big|_{\varepsilon \to 0} = y'(x)\Delta x \tag{3-72}$$

可见式 3-69 还有另一种表示方式，即 $y(x+\varepsilon\Delta x)$ 在 $\varepsilon=0$ 处的导数等于 $y(x)$ 在 x 处的微分，即：

$$\Delta y = \frac{\partial y(x + \varepsilon\Delta x)}{\partial \varepsilon}\Big|_{\varepsilon \to 0} + o(\Delta x)$$

把上述概念推广到泛函，就得到了变分的概念。在 3.2.1 节中，不妨设这条滑行花费时间最短曲线的方程为 $y_0(x)$，其他的曲线为 $y(x)$，于是定义：

$$\delta y = y_0(x) - y(x)$$

称 δy 为函数的变分。

将 $y(x)$、$y_0(x)$ 分别代入式 3-67，分别得到泛函的值为：

$$T[y_0(x), y_0'(x)] = \int_0^{x_1} \sqrt{\frac{1+y_0'^2}{2gy_0}} dx$$

$$T[y(x), y'(x)] = \int_0^{x_1} \sqrt{\frac{1+y'^2}{2gy}} dx$$

于是两个泛函的差为：

$$\Delta T = T[y_0(x)] - T[y(x)]$$

将 $\delta y = y_0(x) - y(x)$ 代入得：

$$\Delta T = T[y(x) + \delta y] - T[y(x)]$$

和函数增量式 3-69 类似，泛函的增量也可写成线性主部加一个无穷小量的形式：

$$\Delta T = L[y(x), \delta y] + \beta[y(x), \delta y]\delta y_{max} \quad (3-73)$$

式中，$L[y(x), \delta y]$ 为泛函增量的线性主部，相当于式 3-67 中的 $y'\Delta x$；$\beta[y(x), \delta y]\delta y_{max}$ 为高阶微量，相当于式 3-69 中的 $o(\Delta x)$。

当 $\delta y \to 0$ 时，$\delta y_{max} \to 0$，于是 $\Delta T \to \delta T = L[y_0(x), \delta y]$，这相当于 $\Delta y \to dy$。因此，仿照函数微分，我们称 $L[y(x), \delta y]$ 为泛函增量的线性主部，亦即泛函的变分。

与式 3-68 用式 3-70 等价表示类似，函数变分还可以用另外一种方式表达出来：

$$\Delta T = T[y_0(x)] - T[y(x)] = T[y(x) + \varepsilon\delta y(x)] - T[y(x)]$$

$$\Delta T = L[y_0(x), \varepsilon\delta y] + \beta[y(x), \varepsilon\delta y]\varepsilon\delta y_{max}$$

即把式 3-73 中的 $\delta y(x)$ 换成 $\varepsilon\delta y(x)$ 即可。

和式 3-71 类似：

$$\frac{\partial T[y(x)+\varepsilon\delta y(x)]}{\partial \varepsilon} = \frac{\partial L[y_0(x)+\varepsilon\delta y(x)]}{\partial \varepsilon} + \frac{\partial \beta[y(x)+\varepsilon\delta y(x)]\delta y_{max}(x)}{\partial \varepsilon}$$

$$(3-74)$$

由于线性项对 ε 来说是线性的，因此 $L[y_0(x), \varepsilon\delta y] = \varepsilon L[y_0(x), \delta y]$，另外，$\varepsilon \to 0$ 导致 $\beta[y(x), \varepsilon\delta y]\varepsilon\delta y_{max} \to 0$ 和 $\varepsilon\delta y \to 0$；而 $\varepsilon\delta y \to 0$ 导致 $\delta y_{max} \to 0$，因此式 3-74 变为：

$$\frac{\partial T[y(x)+\varepsilon\delta y(x)]}{\partial \varepsilon} = \frac{\partial\{L[y_0(x)+\delta y(x)]\varepsilon\}}{\partial \varepsilon} = L[y_0(x)+\delta y(x)]$$

3.2.3 泛函极值求解

我们再回到 3.2.1 节中。假设滑行时间最短的曲线为 $y_0(x)$，那么关于 $y_0(x)$

的泛函为：

$$T[y_0(x), y_0'(x)] = \int_0^{x_1} \sqrt{\frac{1+y_0'^2}{2gy_0}} dx$$

而其余曲线 $y(x)$ 的泛函为：

$$T[y(x), y'(x)] = \int_0^{x_1} \sqrt{\frac{1+y'^2}{2gy}} dx$$

令：

$$F(x, y, y') = \sqrt{\frac{1+y'^2}{2gy}}$$

于是泛函增量为：

$$\Delta T = T[y_0(x)] - T[y(x)] = T[y(x) + \delta y(x)] - T[y(x)]$$

即：

$$\Delta T = \int_0^{x_1} F(x, y+\delta y, y'+\delta y') dx - \int_0^{x_1} F(x, y, y') dx \tag{3-75}$$

对上式等号右端第一项积分号内进行泰勒展开：

$$F(x, y+\delta y, y'+\delta y') = \left[F(x, y, y') + \frac{\partial F}{\partial y}\delta y + \frac{\partial F}{\partial y'}\delta y' \right] + \frac{1}{2!}\left[\frac{\partial^2 F}{\partial y^2}(\delta y)^2 + 2\frac{\partial^2 F}{\partial y \partial y'} + \frac{\partial^2 F}{\partial y'^2}(\delta y')^2 \right] + \cdots$$

再代入式 3-73：

$$\Delta T = \int_0^{x_1} \left\{ \left[F(x, y, y') + \frac{\partial F}{\partial y}\delta y + \frac{\partial F}{\partial y'}\delta y' \right] + \frac{1}{2!}\left[\frac{\partial^2 F}{\partial y^2}(\delta y)^2 + 2\frac{\partial^2 F}{\partial y \partial y'} + \frac{\partial^2 F}{\partial y'^2}(\delta y')^2 \right] + \cdots \right\} dx - \int_0^{x_1} F(x, y, y') dx$$

$$\Delta T = \int_0^{x_1} \left\{ \left(\frac{\partial F}{\partial y}\delta y + \frac{\partial F}{\partial y'}\delta y' \right) + \frac{1}{2!}\left[\frac{\partial^2 F}{\partial y^2}(\delta y)^2 + 2\frac{\partial^2 F}{\partial y \partial y'} + \frac{\partial^2 F}{\partial y'^2}(\delta y')^2 \right] + \cdots \right\} dx \tag{3-76}$$

令：

$$\delta T = \int_0^{x_1} \left(\frac{\partial F}{\partial y}\delta y + \frac{\partial F}{\partial y'}\delta y' \right) dx \tag{3-77}$$

为泛函的一阶变分。下式：

$$\delta^2 T = \int_0^{x_1} \left[\frac{\partial^2 F}{\partial y^2}(\delta y)^2 + 2\frac{\partial^2 F}{\partial y \partial y'} + \frac{\partial^2 F}{\partial y'^2}(\delta y')^2 \right] dx \tag{3-78}$$

为二阶变分，这样，式 3-76 变为：

$$\Delta T = \delta T + \frac{1}{2!}\delta^2 T + \cdots$$

一般略去二阶变分，上式变为：

$$\Delta T = \delta T$$

与函数 $y(x)$ 取得极值的条件 $\mathrm{d}y = 0$ 类似，泛函取极值的条件为变分为零，即：

$$\delta T = 0$$

具体形式为：

$$\int_0^{x_1}\left(\frac{\partial F}{\partial y}\delta y + \frac{\partial F}{\partial y'}\delta y'\right)\mathrm{d}x = 0 \tag{3-79}$$

对上式积分号内第二项进行分部积分，并利用 $\mathrm{d}(\delta y) = \delta y'\mathrm{d}x$ 得：

$$\int_0^{x_1}\left(\frac{\partial F}{\partial y'}\delta y'\right)\mathrm{d}x = \int_0^{x_1}\left(\frac{\partial F}{\partial y'}\right)\mathrm{d}(\delta y) = \frac{\partial F}{\partial y'}\delta y\bigg|_0^{x_x} - \int_0^{x_1}(\delta y)\mathrm{d}\left(\frac{\partial F}{\partial y'}\right) \tag{3-80}$$

由于在 $x=0$ 和 $x=x_1$ 处：

$$y_0(x) = y(x) \Rightarrow \delta y = 0$$

式 3-80 变为：

$$\int_0^{x_1}\left(\frac{\partial F}{\partial y'}\delta y'\right)\mathrm{d}x = -\int_0^{x_1}(\delta y)\mathrm{d}\left(\frac{\partial F}{\partial y'}\right)$$

代入式 3-79：

$$\delta T = \int_0^{x_1}\left[\frac{\partial F}{\partial y'} - \mathrm{d}\left(\frac{\partial F}{\partial y'}\right)\right]\delta y\mathrm{d}x = 0$$

由于 δy 的任意性，要使上式成立必须有：

$$\frac{\partial F}{\partial y'} - \mathrm{d}\left(\frac{\partial F}{\partial y'}\right) = 0 \quad \text{或} \quad \frac{\partial F}{\partial y'} - \frac{\mathrm{d}}{\mathrm{d}x}\left(\frac{\partial F}{\partial y'}\right) = 0 \tag{3-81}$$

这一条件称为欧拉方程。这样求泛函极值问题就转变为求欧拉方程的问题。

现将 $F(x, y, y') = \sqrt{\dfrac{1+y'^2}{2gy}}$ 代入式 3-67 求得最速降线方程：

$$\begin{cases} x = r(\theta - \sin\theta) \\ y = r(1 - \cos\theta) \end{cases} \quad (0 \leqslant \theta \leqslant \pi)$$

这是摆线的一段，其中 r 可以通过 A、B 点位置确定。

3.2.4 微分方程泛函的建立

由前面论述可知，求泛函极值等效于求解欧拉方程。现在我们反过来思考：如果知道一个微分方程（欧拉方程），能否反过来构造这个微分方程的泛函呢？

如果能，就可以把一个求解微分方程的问题，归结为求泛函极值问题。即求解一个微分方程和求解关于该泛函的极值问题等价。我们仍以前面的二维热传导为例，将式 3-1～式 3-3 重新写出来：

$$\frac{\partial}{\partial x}\left(k\frac{\partial T}{\partial x}\right) + \frac{\partial}{\partial x}\left(y\frac{\partial T}{\partial x}\right) + q = 0 \qquad (3-82)$$

边界条件：

$$\begin{cases} T(x,y) = \overline{T}(x,y) \\ k\dfrac{\partial T}{\partial n} = q_1 \end{cases} \qquad (3-83)$$

其泛函为[7]：

$$\Pi(T) = \int_{\Omega}\left[\frac{1}{2}k\left(\frac{\partial T}{\partial x}\right)^2 + \frac{1}{2}k\left(\frac{\partial T}{\partial y}\right)^2 - Tq\right]d\Omega - \int_{\Gamma_q}Tq_1 d\Gamma \qquad (3-84)$$

泛函的一阶变分为：

$$\delta\Pi = \int_{\Omega}\left[k\frac{\partial T}{\partial x}\delta\left(\frac{\partial T}{\partial x}\right) + k\frac{\partial T}{\partial y}\delta\left(\frac{\partial T}{\partial y}\right) - \delta Tq\right]d\Omega - \int_{\Gamma_q}\delta Tq_1 d\Gamma$$

即：

$$\delta\Pi = \int_{\Omega}\left[k\frac{\partial T}{\partial x}\frac{\partial(\delta T)}{\partial x} + k\frac{\partial T}{\partial y}\frac{\partial(\delta T)}{\partial y} - \delta Tq\right]d\Omega - \int_{\Gamma_q}\delta Tq_1 d\Gamma$$

泛函取极值，即上述变分 $\delta\Pi = 0$：

$$\int_{\Omega}\left[k\frac{\partial T}{\partial x}\frac{\partial(\delta T)}{\partial x} + k\frac{\partial T}{\partial y}\frac{\partial(\delta T)}{\partial y} - \delta Tq\right]d\Omega - \int_{\Gamma_q}\delta Tq_1 d\Gamma = 0$$

至于如何构造偏微分方程的泛函，是一个复杂的问题，不在本书讨论之列，读者有兴趣可以查阅相关文献。

3.2.5 里兹方法

由上面已经知道，求解偏微分方程可以归结为求该方程泛函的极值问题。由于因变量 $T(x,y)$ 很难得到解析解，因此如在 1.2 节中论述一样，一个难以求得的复杂函数可以用简单的函数叠加得到，这样我们构造一个近似温度场 $\widetilde{T}(x,y)$：

$$T(x,y) \approx \widetilde{T}(x,y) = \sum_{i=1}^{n} N_i T_i$$

代入式 3-84 得：

$$\Pi(T) \approx \Pi(\widetilde{T}) = \iint_{\Omega}\left[\frac{1}{2}k\left(\frac{\partial \widetilde{T}}{\partial x}\right)^2 + \frac{1}{2}k\left(\frac{\partial \widetilde{T}}{\partial y}\right)^2 - \widetilde{T}q\right]d\Omega - \int_{\Gamma_q}\widetilde{T}q_1 d\Gamma \qquad (3-85)$$

可以看出，式 3-85 是一个关于 T_i 的多元方程：

$$\Pi(\widetilde{T}) = \Pi(T_1, T_2, \cdots, T_n)$$

因此泛函的极值问题就变为多元函数极值问题：

$$\delta\Pi(\widetilde{T}) = 0 \Rightarrow \begin{cases} \dfrac{\partial \Pi}{\partial T_1} = 0 \\ \dfrac{\partial \Pi}{\partial T_2} = 0 \\ \vdots \\ \dfrac{\partial \Pi}{\partial T_n} = 0 \end{cases}$$

这样就得到 n 个关于 $(T_1, T_2, \cdots, T_n)$ 的方程组，求解方程组就得到 $(T_1, T_2, \cdots, T_n)$，进而得到 $\widetilde{T}(x, y)$，从而确定了温度场的近似解。

3.2.6 里兹方法推导单元刚度矩阵

下面将温度场 $T^e(x, y) \approx \widetilde{T}^e(x, y) = \sum_{i=1}^{4} N_i T_i^e$ 代入式 3-85，注意这里以四边形单元为例，上标 e 表示单元内。于是式 3-85 变为：

$$\Pi(\widetilde{T}^e) = \iint_{\Omega_e} \left[\frac{1}{2} k \left(\frac{\partial \widetilde{T}^e}{\partial x} \right)^2 + \frac{1}{2} k \left(\frac{\partial \widetilde{T}^e}{\partial y} \right)^2 - \widetilde{T}^e q \right] d\Omega - \int_{\Gamma_q^e} \widetilde{T}^e q_1 d\Gamma$$

即：

$$\Pi(\widetilde{T}^e) = \iint_{\Omega_e} \left[\frac{1}{2} k \left(\frac{\partial \sum_{i=1}^{4} N T_i^e}{\partial x} \right)^2 + \frac{1}{2} k \left(\frac{\partial \sum_{i=1}^{4} N T_i^e}{\partial y} \right)^2 - \sum_{i=1}^{4} N T_i^e q \right] d\Omega - \int_{\Gamma_q^e} \sum_{i=1}^{4} N T_i^e q_1 d\Gamma$$

然后，令上式对 T_i^e 求偏导数：

$$\frac{\partial \Pi}{\partial T_i^e} = \iint_{\Omega_e} \left[k \left(\sum_{i=1}^{4} \frac{\partial N_i}{\partial x} T_i^e \right) \frac{\partial N_i}{\partial x} + \left(\sum_{i=1}^{4} \frac{\partial N_i}{\partial y} T_i^e \right) \frac{\partial N_i}{\partial y} - N_i q \right] d\Omega - \int_{\Gamma_q^e} N_i q_1 d\Gamma = 0$$

展开上式：

$$k \iint_{\Omega_e} \left[\left(\frac{\partial N_1}{\partial x} \frac{\partial N_i}{\partial x} + \frac{\partial N_1}{\partial y} \frac{\partial N_i}{\partial y} \right) T_1^e + \left(\frac{\partial N_2}{\partial x} \frac{\partial N_i}{\partial x} + \frac{\partial N_2}{\partial y} \frac{\partial N_i}{\partial y} \right) T_2^e + \left(\frac{\partial N_3}{\partial x} \frac{\partial N_i}{\partial x} + \frac{\partial N_3}{\partial y} \frac{\partial N_i}{\partial y} \right) T_3^e + \right.$$

$$\left. \left(\frac{\partial N_4}{\partial x} \frac{\partial N_i}{\partial x} + \frac{\partial N_4}{\partial y} \frac{\partial N_i}{\partial y} \right) T_4^e \right] d\Omega = k \iint_{\Omega_e} N_i q d\Omega + \int_{\Gamma_q^e} N_i q_1 d\Gamma$$

令 $i = 1, 2, 3, 4$，就得到四个类似的方程组成的方程组：

$$k\iint\limits_{\Omega_e}\begin{bmatrix}\frac{\partial N_1}{\partial x}\frac{\partial N_1}{\partial x}+\frac{\partial N_1}{\partial y}\frac{\partial N_1}{\partial y} & \frac{\partial N_2}{\partial x}\frac{\partial N_1}{\partial x}+\frac{\partial N_2}{\partial y}\frac{\partial N_1}{\partial y} & \frac{\partial N_3}{\partial x}\frac{\partial N_1}{\partial x}+\frac{\partial N_3}{\partial y}\frac{\partial N_1}{\partial y} & \frac{\partial N_4}{\partial x}\frac{\partial N_1}{\partial x}+\frac{\partial N_4}{\partial y}\frac{\partial N_1}{\partial y} \\ \frac{\partial N_1}{\partial x}\frac{\partial N_2}{\partial x}+\frac{\partial N_1}{\partial y}\frac{\partial N_2}{\partial y} & \frac{\partial N_2}{\partial x}\frac{\partial N_2}{\partial x}+\frac{\partial N_2}{\partial y}\frac{\partial N_2}{\partial y} & \frac{\partial N_3}{\partial x}\frac{\partial N_2}{\partial x}+\frac{\partial N_3}{\partial y}\frac{\partial N_2}{\partial y} & \frac{\partial N_4}{\partial x}\frac{\partial N_2}{\partial x}+\frac{\partial N_4}{\partial y}\frac{\partial N_2}{\partial y} \\ \frac{\partial N_1}{\partial x}\frac{\partial N_3}{\partial x}+\frac{\partial N_1}{\partial y}\frac{\partial N_3}{\partial y} & \frac{\partial N_2}{\partial x}\frac{\partial N_3}{\partial x}+\frac{\partial N_2}{\partial y}\frac{\partial N_3}{\partial y} & \frac{\partial N_3}{\partial x}\frac{\partial N_3}{\partial x}+\frac{\partial N_3}{\partial y}\frac{\partial N_3}{\partial y} & \frac{\partial N_4}{\partial x}\frac{\partial N_3}{\partial x}+\frac{\partial N_4}{\partial y}\frac{\partial N_3}{\partial y} \\ \frac{\partial N_1}{\partial x}\frac{\partial N_4}{\partial x}+\frac{\partial N_1}{\partial y}\frac{\partial N_4}{\partial y} & \frac{\partial N_2}{\partial x}\frac{\partial N_4}{\partial x}+\frac{\partial N_2}{\partial y}\frac{\partial N_4}{\partial y} & \frac{\partial N_3}{\partial x}\frac{\partial N_4}{\partial x}+\frac{\partial N_3}{\partial y}\frac{\partial N_4}{\partial y} & \frac{\partial N_4}{\partial x}\frac{\partial N_4}{\partial x}+\frac{\partial N_4}{\partial y}\frac{\partial N_4}{\partial y}\end{bmatrix}d\Omega\times$$

$$\begin{bmatrix}T_1^e \\ T_2^e \\ T_3^e \\ T_4^e\end{bmatrix}=\begin{bmatrix}\iint\limits_{\Omega_e}N_1dd\Omega \\ \iint\limits_{\Omega_e}N_2dd\Omega \\ \iint\limits_{\Omega_e}N_3dd\Omega \\ \iint\limits_{\Omega_e}N_4dd\Omega\end{bmatrix}+\begin{bmatrix}\int\limits_{\Gamma_q^e}N_1q_1d\Gamma \\ \int\limits_{\Gamma_q^e}N_2q_1d\Gamma \\ \int\limits_{\Gamma_q^e}N_3q_1d\Gamma \\ \int\limits_{\Gamma_q^e}N_4q_1d\Gamma\end{bmatrix}$$

这一方程组与式 3-42 完全一样，只不过是通过变分问题的里兹解法得来的，殊途同归。

得到了单元级别的方程组，其余过程，如刚阵叠加、载荷分配、边界体条件的施加等，和前面处理一样，这里不再赘述。

3.2.7 小结

加权余量法是把偏微分方程变为积分方程或积分方程弱形式求解，而变分法是将偏微分求解变为求泛函的极值问题，最终的结果是一样的。但二者的应用条件不同，变分法的前提是能够找到微分方程的泛函，在实际应用中，由于问题的复杂性，寻找微分方程的泛函往往很困难，因此在一定程度上限制了这种方法的应用，而加权余量法则没有这个限制。

3.3 其他专业领域方程的推导

到目前为止，推导得到的方程式 3-42 都是以热传导为例进行的。实际上，其他领域的推导过程与此大体类似，有一个很简便的方法，就可以把该方程应用于其他专业领域。首先写出其他领域类似于式 3-1～式 3-3 的控制方程和边界条件，然后与式 3-1～式 3-3 作类比，将温度等变量代换成其他领域的变量，如电压、位移等，再按本书的推导步骤就会得到类似于方程式 3-42 的其他应用领域的方程。下面略举几个小例子。

3.3.1 流体力学

我们以不可压缩无黏流体为例，说明方程式 3-42 如何应用到流体力学中去。根据流体力学理论，二维无黏不可压缩流体流动，用流函数和势函数来描述[8]：

$$\begin{cases} \dfrac{\partial^2 \varphi}{\partial x^2} + \dfrac{\partial^2 \varphi}{\partial y^2} = 0 \\ \dfrac{\partial^2 \phi}{\partial x^2} + \dfrac{\partial^2 \phi}{\partial y^2} = 0 \end{cases} \quad (3-86)$$

流函数 $\varphi(x, y)$ 和势函数 $\phi(x, y)$ 本并没有直接的物理意义，但其导数有明确的意义，即为流体速度：

$$\frac{\partial \varphi}{\partial x} = -v, \quad \frac{\partial \varphi}{\partial y} = u, \quad \frac{\partial \phi}{\partial x} = u, \quad \frac{\partial \phi}{\partial y} = v$$

因此，式 3-86 就是控制方程，求出流函数或势函数均可得到流场速度分布。下面将流函数

$$\frac{\partial^2 \varphi}{\partial x^2} + \frac{\partial^2 \varphi}{\partial y^2} = 0 \quad (3-87)$$

作为求解方程。接下来将式 3-87 与热传导方程作类比。为此将第 1 章的方程式 1-1～式 1-3 重新写出来：

$$\frac{\partial}{\partial x}\left(k \frac{\partial T}{\partial x}\right) + \frac{\partial}{\partial x}\left(y \frac{\partial T}{\partial x}\right) + q = 0 \quad (3-88)$$

边界 Γ_T 上存在第一类边界条件：

$$T(x, y) = \overline{T}(x, y) \quad (3-89)$$

边界 Γ_q 上存在第二类边界条件：

$$k \frac{\partial T}{\partial n} = q_1 \quad (3-90)$$

将式 3-87 与之作类比，发现，只要将 $T(x, y)$ 换成 $\varphi(x, y)$，并设 $k=1$、$q=0$ 即可得到式 3-87。

边界条件处理也类似，在本质边界上 $\varphi(x, y)$ 满足 Dirichlet 条件：

$$\varphi(x, y) = \overline{\varphi} \quad (3-91)$$

这与式 3-89 类似；在自然边界上 $\varphi(x, y)$ 满足 Neumann 边界条件：

$$\frac{\partial \varphi(x, y)}{\partial n} = -\overline{v}_t \quad (3-92)$$

这与式 3-90 类似。通过类比，就能很方便地把方程式 3-42 应用到流体力学当中去了。

3.3.2 静电场

电磁场是通过 Maxwell 方程描述的[9]：

$$\begin{cases} \nabla \times \boldsymbol{H} = \boldsymbol{J} + \dfrac{\partial \boldsymbol{D}}{\partial t} \\ \nabla \times \boldsymbol{E} = -\dfrac{\partial \boldsymbol{B}}{\partial t} \\ \nabla \cdot \boldsymbol{D} = \rho \\ \nabla \cdot \boldsymbol{B} = D \end{cases} \quad (3\text{-}93)$$

式中，$\boldsymbol{H}$ 为磁场强度矢量，A/m；$\boldsymbol{B}$ 为磁通密度矢量，Wb/m^2；$\boldsymbol{E}$ 为电场强度矢量，V/m；$\boldsymbol{D}$ 为电位移矢量，C/m^2；$\boldsymbol{J}$ 为传导电流密度矢量，A/m^2；ρ 为自由电荷体密度，C/m^3。

除此之外，各物理量受物质结构特性制约，还存在如下本构关系：

$$\begin{cases} \boldsymbol{D} = \varepsilon \boldsymbol{E} \\ \boldsymbol{B} = \mu \boldsymbol{H} \\ \boldsymbol{J} = \sigma \boldsymbol{E} \end{cases} \quad (3\text{-}94)$$

式中，ε、μ、σ 分别为介电常数（F/m）、磁导率（H/m）和电导率（S/m）。

式 3-92 表明变化的电场产生磁场，变化的磁场也会产生电场，由于我们这里只讨论静态情况，即电场和磁场都不随时间变化，因此有：

$$\dfrac{\partial \boldsymbol{D}}{\partial t} = 0$$

$$\dfrac{\partial \boldsymbol{B}}{\partial t} = 0$$

于是式 3-93 变为：

$$\begin{cases} \nabla \times \boldsymbol{H} = \boldsymbol{J} \\ \nabla \times \boldsymbol{E} = 0 \\ \nabla \times \boldsymbol{D} = \rho \\ \nabla \times \boldsymbol{B} = D \end{cases} \quad (3\text{-}95)$$

由上式可知，静电场的旋度为零，因此可以把电场表示成某个量的梯度[10]，即：

$$\nabla \times \boldsymbol{E} = 0 \Rightarrow \boldsymbol{E} = -\operatorname{grad}(\phi)$$

二维情况下：

$$\boldsymbol{E} = \operatorname{grad}(\phi) = -\dfrac{\partial \phi}{\partial x}\boldsymbol{i} - \dfrac{\partial \phi}{\partial y}\boldsymbol{j}$$

然后代入式 3-94 中的 $\boldsymbol{D} = \varepsilon \boldsymbol{E}$，并注意 $\nabla \cdot \boldsymbol{D} = \rho$，得到：

$$\dfrac{\partial^2 \phi}{\partial x^2} + \dfrac{\partial^2 \phi}{\partial y^2} + \dfrac{\rho}{\varepsilon} = 0 \quad (3\text{-}96)$$

将此式与式 3-88 相比，发现这里的 $\phi(x, y)$ 与 $T(x, y)$ 类似，$\dfrac{\rho}{\varepsilon}$ 与 q 类似；另外也存在边界条件，如果边界电势已知，则属于第一类边界条件：

$$\phi(x, y) = \overline{\phi}(x, y)$$

这与式 3-89 类似。当边界存在已知电场,则属于第二类边界条件:

$$\frac{\partial \phi(x, y)}{\partial n} = -\frac{D_n}{\varepsilon}$$

这与式 3-90 类似。因此,就把方程式 3-42 成功地应用到静电场中去了。

3.3.3 静磁场

3.3.3.1 标量磁位

由式 3-95 可知,在稳定磁场无电流区域 $J=0$,因而磁场强度 H 的旋度为零 $\nabla \times H = 0$;与静电场类似,可以把磁场强度表示为某个量的梯度:

$$\nabla \times H = 0 \Rightarrow H = -\mathrm{grad}(\phi_m)$$

二维情况下:

$$H = \mathrm{grad}(\phi_m) = -\frac{\partial \phi_m}{\partial x}i - \frac{\partial \phi_m}{\partial y}j$$

将上式代入式 3-93 中的 $\nabla \cdot B = D$,并注意无电场情况下 $D=0$,于是得到:

$$\frac{\partial^2 \phi_m}{\partial x^2} + \frac{\partial^2 \phi_m}{\partial y^2} = 0 \tag{3-97}$$

第一类边界条件:

$$\phi_m = \overline{\phi} \tag{3-98}$$

第二类边界条件:

$$\frac{\partial \phi_m}{\partial n} = -\frac{B_n}{\mu} \tag{3-99}$$

将式 3-97 ~ 式 3-99 与式 3-88 ~ 式 3-90 相比,就可以把方程式 3-42 应用到磁场领域中了。

3.3.3.2 矢量磁位

在稳定磁场有电流区域 $\nabla \times H = J$,磁场强度的旋不为零,因此不能像标量磁位那样进行处理。由于不存在电场,因此式 3-93 中 $D=0$,因而 $\nabla \cdot B = 0$,某个矢量散度为零,可以表示为另一个量的旋度:

$$B = \nabla \times A \tag{3-100}$$

这个量 A 就是矢量磁位。

展开式 3-100,只考虑二维情况:

$$B = \frac{\partial A_z}{\partial x}i - \frac{\partial A_z}{\partial y}j \tag{3-101}$$

代入式 3-93 的 $\nabla \times \boldsymbol{H} = \boldsymbol{J}$ 中，并注意 $\boldsymbol{B} = \mu \boldsymbol{H}$，有：

$$\nabla^2 A_z = \frac{\partial^2 A_z}{\partial x^2} + \frac{\partial^2 A_z}{\partial y^2} + \mu J = 0 \qquad (3-102)$$

第一类边界条件：

$$A_z = \overline{A} \qquad (3-103)$$

第二类边界条件：

$$\frac{\partial A_z}{\partial n} = -\frac{H}{\mu} \qquad (3-104)$$

将式 3-102 ~ 式 3-104 与式 3-88 ~ 式 3-90 相比，就把方程式 3-42 应用到了静磁场中了。

3.4 本章小结

经过这一章的学习，我们对有限元方法有了全面和细致的了解，这种方法概括起来就是"化整为零，化零为整"。把一个复杂问题，分解为若干个简单问题，然后集中力量解决简单问题，这就是"化整为零"的含义，前面提到的对求解域的离散，就是这一思想的体现。求解域离散后，把每个单元当作研究对象，由于每个单元尺寸不大，因此再复杂的问题，在单元范围内也会变得简单，就像"茶杯里的风波一样"易于解决；当单元近似解得到后，还要经历"化零为整"的过程，即根据某一原则，比如前面的加权余量强制残差为零或变分极值等理论，将单元刚度矩阵叠加为整体刚度矩阵，进而求解节点未知量，从而得到数值解。

参 考 文 献

[1] 王勖成. 有限单元法［M］. 北京：清华大学出版社，2003.
[2] Klaus-Jürgen Bathe 有限元法理论格式与求解方法（下）［M］. 2 版. 轩建平，译. 北京：高等教育出版社，2016.
[3] 同济大学计算数学教研室. 数值分析基础［M］. 上海：同济大学出版社，1998.
[4] 王开荣，杨大地. 应用数值分析［M］. 北京：高等教育出版社，2010.
[5] 张荣庆. 变分学讲义［M］. 北京：高等教育出版社，2011.
[6] 欧维护，陈维均，金俊德. 高等数学（第一册）［M］. 长春：吉林大学出版社，1987.
[7] 文学平. 高等流体力学［M］. 天津：天津大学出版社，2005.
[8] 谢处方，饶克谨. 电磁场与电磁波［M］. 2 版. 北京：高等教育出版社，2008.
[9] 赵凯华，陈熙谋. 电磁学［M］. 北京：高等教育出版社，2003.

4 有限元法在弹性力学中的应用

上一章以热传导为例讨论了有限元的解题过程，重点是单元刚度矩阵的推导以及单元刚度矩阵叠加成整体刚度矩阵，这是有限元解题的重要环节，是书中多次提到的"化零为整"的具体实施过程。不过，刚度矩阵是个力学概念，而温度场不涉及力的问题，却存在刚度矩阵这一概念，这是为什么呢？这是因为有限元最初是从力学发展来的，后来随着该方法被应用到其他领域，刚度矩阵的概念也就随之带到了该领域，其称呼也就沿用下来了。

本书以热传导问题为切入点，介绍有限元方法，是因为热传导问题的控制方程比较简单，推导过程不复杂，读者容易理解，可以比较快地掌握有限元的理论。实际上，力学分析是有限元应用较多的一个领域，初学有限元的读者，首先接触的案例大多数都是关于力学方面的，因此本章将对有限元在弹性力学方面的应用进行详细讲解。

4.1 弹性力学基础

弹性力学亦称弹性理论，是以1678年胡克发表胡克定律为开始发展的[1]。它主要研究弹性体在外力或温度变化等因素作用下所产生的应力、应变和位移，从而为工程结构或构件的强度、刚度设计提供理论依据。弹性力学理论内容十分丰富，但所有理论均是建立在以下5个基本假设的基础上：

（1）连续性假设：认为整个物体的内部是充满物质的，其中没有间隙。这样，物体内的应力、应变和位移分布都是连续的，是坐标的连续函数。

（2）均匀性假设：整个物体是由同一种材料组成的，各个部分具有相同的物理性质。

（3）各向同性假设：物体的力学性能沿各个方向都是相同的，弹性模量、泊松比等均不随方向改变而变化。

（4）完全弹性假设：当使弹性体发生变形的外力去掉后，物体能恢复到变形前的状态，而且没有任何残余变形，同时材料符合胡克定律。

（5）微小变形假设：物体受力后，其变形和各点位移远远小于物体的原有几何尺寸。

上述假设给弹性力学的理论研究带来便利，而且引起的误差不大，例如均匀性假设，可以使得我们任取弹性体的一小部分进行研究，建立微分关系式，并将关系式扩展到整个变形体；微小变形假设，使得我们在物体变形后建立平衡方程时，可以使用原来的几何尺寸，而不考虑构件尺寸的变化，这样可以略去一些非线性项，使得方程成为线性方程。

弹性理论包括大量的基本概念，它们是理论的基石，因此在介绍弹性理论之前，先向读者介绍一些基本的概念，为以后的学习打好基础。

4.1.1 基本概念

4.1.1.1 应力

物体在外力作用下，内部各质点之间产生相互作用的力称为内力。这种力和以往学过的刚体力学中的力不同。一个刚体受力后，整体发生位移，刚体各个质点的位移都一样，因此质点之间没有相互作用力，这好比大家排成队列，按同一步幅前进，人和人之间没有相互挤压一样；可是，如果每个人的步幅不一样，人和人之间就要发生磕碰，此时就产生了内力。单位面积的内力被定义为应力。

在研究应力时，常采用切面法。如图4-1所示，一个受力物体，在外力T_1、T_2、T_3、T_4、T_5的作用下，处于平衡状态，且发生了变形（根据微小变形假设，变形后的几何形状近似等于原来的形状，因而没有画出来）并引发了内力。若要研究变形体内某一点（图中ΔS内的黑点）的应力，可以用一个过该点的假想平面，将物体切为A、B两部分，在假想面两侧，分属于A、B的质点，必然存在相互作用的内力，不妨将其合力记为Q（未画出）。

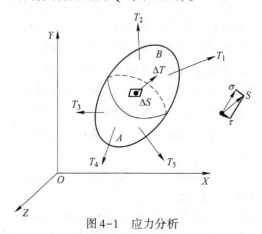

图4-1 应力分析

现将上半部分B移去，则剩余的部分A在外力T_3、T_4、T_5以及内力Q的共同作用下，仍处于平衡状态。小平面ΔS为假想面的一部分，自然也分布着内力，设其合力为ΔT，如图4-1所示，于是一点的应力定义为：

$$S = \lim_{\Delta S \to 0} \frac{\Delta T}{\Delta S} = \frac{dT}{dS} \tag{4-1}$$

上式的物理意义是：当小平面 ΔS 趋于无限小时，小平面趋于一点，此时小平面上合力 ΔT 的平均值就作为一点的应力。这与物理学中速度的定义类似，即是用无限短距离内的平均速度来表示某一点的即时速度。

S 被称为全应力，可以根据力的性质或效果将 S 分解为正应力 σ 和切应力 τ，如图 4-1 所示。

上述的假想面，我们没作特殊的规定，只要通过该点就行，实际上通过一点的平面有无数个，定义的应力也有无数个。为了规范应力的定义，我们在假想面的选取上进行了规范，即假想面的法线方向与坐标轴方向一致，这样，在 XOY 直角坐标系下，这样的平面就有三个且相互垂直，根据平面法向和坐标轴的平行关系，这三个面分别定义为 X 面、Y 面和 Z 面，如图 4-2 所示。

图 4-2 中三个面相交，得到一个交点 P，P 点在 X 面、Y 面和 Z 面内分别按式 4-1 定义应力，就会得到 S_x、S_y、S_z 三个应力。这三个应力又可以进一步分解（以 S_z 为例）为正应力 σ_z 和切应力 τ_z，而切应力 τ_z 又可进一步沿 X 轴和 Y 轴分解为 τ_{zy} 和 τ_{zx}，如图 4-3 所示。其他两个应力也做类似分解，将这三个应力的分解结果写成矩阵形式：

$$\begin{pmatrix} \sigma_x & \tau_{xy} & \tau_{xz} \\ \tau_{yx} & \sigma_y & \tau_{yz} \\ \tau_{zx} & \tau_{zy} & \sigma_z \end{pmatrix} \begin{matrix} \longrightarrow S_x - X \text{ 面受到的合力} \\ \longrightarrow S_y - Y \text{ 面受到的合力} \\ \longrightarrow S_z - Z \text{ 面受到的合力} \end{matrix} \tag{4-2}$$

式 4-2 又称为一点的应力张量。应力张量可以全面反映一点所受的应力，这类似于给一个人拍照：正面、左右侧面均拍照，然后组合起来，代表一个完整的人。

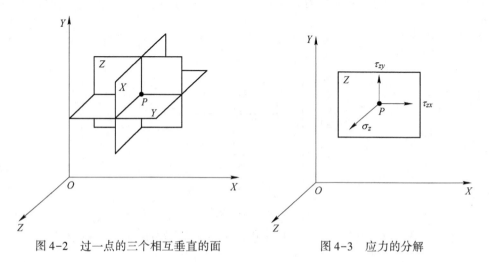

图 4-2 过一点的三个相互垂直的面　　　　图 4-3 应力的分解

在实际研究中，为方便，有时假想的分割面并不通过点 P，而是在该点附近通过，也就是说这些面和点 P 无限接近。由于无限接近，因此可用这些面上的应力，近似代替 P 点的应力。适当选取 6 个和 P 点无限接近的面，组成一个微分六面体，用六面体上应力的组合（即式 4-2）表示 P 点的应力状态，如图 4-4 所示。

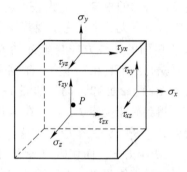

图 4-4　微分六面体和质点

4.1.1.2　应变

A　线应变

物体受力后会产生变形，如何衡量变形的大小或程度呢？在弹性力学里就是用应变来衡量的。应变分为线应变和角应变，下面分述之。我们以二维为例，如图 4-5 所示，边长分别为 dx、dy 的实线矩形，受力后发生变形，假设变形后的形状为虚线矩形，长度变为 δx、δy。于是 X 方向线应变定义为 $\varepsilon_x = \dfrac{\delta x - \mathrm{d}x}{\mathrm{d}x}$；$y$ 方向线应变为 $\varepsilon_y = \dfrac{\delta y - \mathrm{d}y}{\mathrm{d}y}$。很明显 $\varepsilon_x > 0$，为伸长变形；$\varepsilon_y < 0$，为收缩变形。

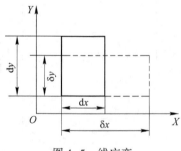

图 4-5　线应变

如果将图 4-5 扩展到三维，即如图 4-4 所示的微分六面体，则 Z 方向线应

变为 $\varepsilon_z = \dfrac{\delta z - \mathrm{d}z}{\mathrm{d}z}$。于是总的线应变有三个 ε_x、ε_y、ε_z。

B 角应变

单元体变形时，不仅有线应变，而且还有角变形。图 4-6 所示的实线矩形，发生角变形后，实线和虚线的夹角为 θ，于是角变形定义为 $\tan\theta = \dfrac{\delta\tau}{\mathrm{d}y}$。严格来讲，$ab$ 边 cd 边并不重合，但在小变形条件下，可以近似认为重合，给研究带来了方便；与此类似，在小变形条件下 $\tan\theta \approx \theta$，因此角应变为 $\theta \approx \dfrac{\delta\tau}{\mathrm{d}y}$。同线应变一样，角应变也可以扩展到三维。

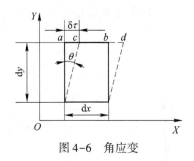

图 4-6 角应变

C 应变几何方程

从上述应变定义可见，应变是由于变形体各质点位移不同产生的，因此应变与位移之间应该有一定的关系，也就是在弹性力学里的几何方程。

取图 4-7 所示微分六面体单元，在单元体上建立直角坐标系。假设变形体位移函数为：

$$\begin{cases} u = u(x,\ y,\ z) \\ v = v(x,\ y,\ z) \\ w = w(x,\ y,\ z) \end{cases} \quad (4\text{-}3)$$

这样原点 O 的速度为：

$$\begin{cases} u_O = u(0,\ 0,\ 0) \\ v_O = w(0,\ 0,\ 0) \\ w_O = w(0,\ 0,\ 0) \end{cases}$$

而 M 点的速度为：

$$\begin{cases} u_M = u(0+\mathrm{d}x,\ 0+\mathrm{d}y,\ 0+\mathrm{d}z) \\ v_M = v(0+\mathrm{d}x,\ 0+\mathrm{d}y,\ 0+\mathrm{d}z) \\ w_M = w(0+\mathrm{d}x,\ 0+\mathrm{d}y,\ 0+\mathrm{d}z) \end{cases}$$

对 M 点的速度进行 Taylor 展开：

$$\begin{cases} u_M = u(0,\ 0,\ 0) + \dfrac{\partial u}{\partial x}\mathrm{d}x + \dfrac{\partial u}{\partial y}\mathrm{d}y + \dfrac{\partial u}{\partial z}\mathrm{d}z \\ v_M = v(0,\ 0,\ 0) + \dfrac{\partial v}{\partial x}\mathrm{d}x + \dfrac{\partial v}{\partial y}\mathrm{d}y + \dfrac{\partial v}{\partial z}\mathrm{d}z \\ w_M = w(0,\ 0,\ 0) + \dfrac{\partial w}{\partial x}\mathrm{d}x + \dfrac{\partial w}{\partial y}\mathrm{d}y + \dfrac{\partial w}{\partial z}\mathrm{d}z \end{cases}$$

对其他点的速度也作类似展开，会发现这些点的速度中都包含有这一项：

$$\begin{cases} u_O = u(0,\ 0,\ 0) \\ v_O = w(0,\ 0,\ 0) \\ w_O = w(0,\ 0,\ 0) \end{cases}$$

因此可以认为，u_O、v_O、w_O 是微分六面体的整体平移速度。

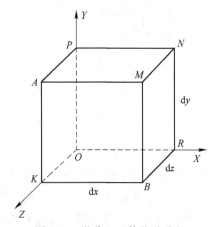

图 4-7 微分六面体位移分析

六面体除了作整体平移外，在周围质点的作用下还发生变形，为分析位移和应变的关系，我们沿-Z方向将图 4-7 所示的三维图形投影成二维，得到图 4-8 所示的视图。图 4-8 中，$OPNR$ 面发生变形，成为 $O'P'N'R'$。这些变形分为两类：线变形和角变形。线变形是这样定义的：设 OR 原长为 dx，变形后成为 $O'R'$，$O'R'$ 在 X 方向投影为 $O'C$，这样 OR 边在 X 方的线变形，即线应变为：

$$\varepsilon_x = \frac{O'C - OR}{OR} \tag{4-4}$$

根据图中几何关系，$O'C = LF = OF - OL = RF + OR - OL$。将这些直线长度与位移联系起来：

$$RF = u_R,\ \ OR = \mathrm{d}x,\ \ OL = u_O$$

根据式 4-3，R 点的 X 方向位移为 $u_R = u(0+\mathrm{d}x,\ 0,\ 0)$，进行泰勒展开得：

$$u_R = u(0+\mathrm{d}x,\ 0,\ 0) = u_O + \frac{\partial u}{\partial x}\mathrm{d}x$$

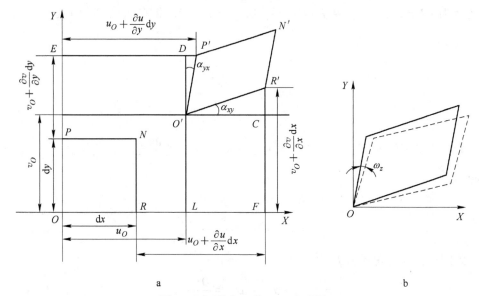

图 4-8 面分六面体 XOY 变形图

a—微分六面体在 XOY 平面变形投影图；b—变形体的刚性转动

代入式 4-4 得：

$$\varepsilon_x = \frac{\partial u}{\partial x}$$

同理，OP 边变形后，成为 $P'O'$，因此 OP 在 Y 向的线应变为：

$$\varepsilon_y = \frac{OD - OP}{OP} \tag{4-5}$$

通过与上面类似的推导（请读者自行推导）得到：

$$\varepsilon_y = \frac{\partial v}{\partial y}$$

存在线应变的同时，还存在角变形，例如 $\angle POR$ 变形前为直角，变形后为 $\angle P'O'R'$，因此角度减小 $\angle R'O'C + \angle DO'P'$，显然角度的变化也与位移有关，下面我们讨论一下角变形与位移的关系。

在三角形 $R'O'C$ 中，根据三角函数关系有：

$$\tan\alpha_{xy} = \frac{R'C}{O'C} = \frac{R'F - CF}{O'C} \tag{4-6}$$

当属于小变形时，$\tan\alpha_{xy} \approx \alpha_{xy}$。

根据式 4-3，$R'F = v_R = v(0 + \mathrm{d}x, 0, 0)$，进行泰勒展开有：

$$v_R = v_O + \frac{\partial v}{\partial x}\mathrm{d}x$$

又因为 $CF = v_O$，因此 $R'F - CF = \frac{\partial v}{\partial x}dx$，而 $O'C$ 结果前面已经得到，代入式 4-6 得：

$$\tan\alpha_{xy} = \frac{\frac{\partial v}{\partial x}dx}{\left(1 + \frac{\partial u}{\partial x}\right)dx}$$

一般在小变形情况下，$1 \gg \frac{\partial u}{\partial x}$，因此可以把上式中的 $\frac{\partial u}{\partial x}$ 略去，这样式 4-6 最终变为：

$$\tan\alpha_{xy} \approx \alpha_{xy} = \frac{\frac{\partial v}{\partial x}dx}{dx} = \frac{\partial v}{\partial x}$$

与此同理，在三角形 $DO'P'$ 中：

$$\tan\alpha_{yx} \approx \alpha_{yx} = \frac{DP'}{DO'} \tag{4-7}$$

其中：$DP' = u_P - u_O$，而 $u_P = u(0, 0+dy, 0) = u_O + \frac{\partial u}{\partial y}dy$，这样 $DP' = \frac{\partial u}{\partial y}dy$。而分母 $O'D = EP + OP - O'L$，其中 $EP = v_P = v(0, 0+dy, 0)$，进行泰勒展开有：

$$v_P = v_O + \frac{\partial v}{\partial y}dy$$

另外 $O'L = v_O$，$OP = dy$，这样 $O'D = \left(v_O + \frac{\partial v}{\partial y}dy\right) + dy - v_O = \left(1 + \frac{\partial v}{\partial y}\right)dy$，小变形情况下，$1 \gg \frac{\partial v}{\partial y}$，因此 $O'D \approx dy$，以上结果代入式 4-7 得：

$$\tan\alpha_{yx} \approx \alpha_{yx} = \frac{\frac{\partial u}{\partial y}dy}{dy} = \frac{\partial u}{\partial y}$$

在实际计算中，为方便数学处理，令图 4-8 中的 $O'P'N'R'$，沿 Z 轴整体刚性旋转一个角度，以便使 $\angle R'O'C = \angle DO'P'$，如图 4-8b 所示，这个旋转角度大小为：

$$\omega_z = \frac{1}{2}(\alpha_{xy} - \alpha_{yx}) = \frac{1}{2}\left(\frac{\partial u}{\partial y} - \frac{\partial v}{\partial x}\right)$$

旋转后，$\angle R'O'C = \angle DO'P'$，大小为：

$$\gamma_{xy} = \gamma_{yx} = \frac{1}{2}(\alpha_{xy} + \alpha_{yx}) = \frac{1}{2}\left(\frac{\partial u}{\partial y} + \frac{\partial v}{\partial x}\right)$$

这就是 $\angle POR$ 的最终角变形。

以上是从 $-Z$ 方向观察图 4-7 得到的结论，如果改变视图方向，比如 $-Y$ 或

$-X$,则会得到其他面的线变形和角变形,汇总起来写成如下矩阵形式:

$$\begin{pmatrix} \varepsilon_x & \gamma_{xy} & \gamma_{xz} \\ & \varepsilon_y & \gamma_{yz} \\ & & \varepsilon_z \end{pmatrix} \tag{4-8}$$

其中任一元素可以写成如下通式:

$$\varepsilon_{ij} = \frac{1}{2}\left(\frac{\partial u_i}{\partial x_j} + \frac{\partial u_j}{\partial x_i}\right) \quad (i, j = x, y, z) \tag{4-9}$$

4.1.2 平衡微分方程

4.1.2.1 剪应力互等定律

微分六面体在周围质点的作用下处于平衡状态,这包括力的平衡和力矩平衡。如图 4-9 所示,若以中心点 O 为中心,分别列出六面体绕 X、Y、Z 轴所受力矩,则力矩和应为零。以绕 X 轴力矩和(顺时针为正)为例,力矩和为:

$$2[\tau_{yz}(\mathrm{d}x\mathrm{d}z)]\frac{\mathrm{d}y}{2} - 2[\tau_{zy}(\mathrm{d}x\mathrm{d}y)]\frac{\mathrm{d}z}{2} = 0$$

从而有 $\tau_{yz} = \tau_{zy}$。其他两轴处理与此类似,得到 $\tau_{xz} = \tau_{zx}$,$\tau_{xy} = \tau_{yx}$。这样式 4-2 中的应力由 9 个变为 6 个。

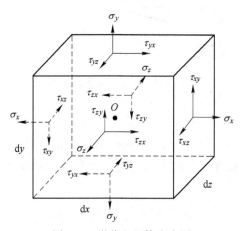

图 4-9 微分六面体应力图

4.1.2.2 任意斜面上的应力

有时根据某种需要,比如施加边界条件等,要确定任意斜面上的应力。我们在 4.1.1.1 节中曾经把过一点的分割面规范化,取三个相互垂直且法线和坐标轴平行的平面,用这些面上的应力组合来表示一点的应力状态。现在假设某点的应力状态已经知道，如式4-2所示。

设斜面 ABC 与三个相互垂直面组成一个封闭四面体 $O\text{-}ABC$，四面体四个面的应力如图4-10所示。由于微分四面体处于平衡状态，因此在三个坐标轴方向受力平衡。以 X 轴为例，在 X 轴方向四面体所受合力为：

$$p_x S_{\triangle ABC} - \tau_{zx} S_{\triangle BOC} - \tau_{yx} S_{\triangle AOB} - \sigma_x S_{\triangle AOC} = 0 \tag{4-10}$$

p_x 为应力 p 在 X 轴方向分量。四面体各个面的面积存在如下几何关系：

$$S_{\triangle AOC} = S_{\triangle ABC} \times n_x$$
$$S_{\triangle AOB} = S_{\triangle ABC} \times n_y$$
$$S_{\triangle BOC} = S_{\triangle ABC} \times n_z$$

式中，n_x、n_y、n_z 分别为 ABC 面法线与 X、Y、Z 轴所成的方向余弦。

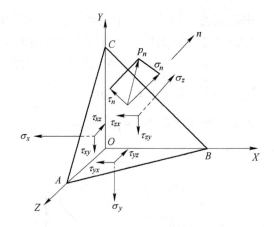

图4-10 任意斜面上的应力

将这些关系代入式4-10得：

$$p_x = \sigma_x n_x + \tau_{yx} n_y + \tau_{zx} n_z$$

同理可沿 Y、Z 轴列出类似平衡方程，得到 Y、Z 方向的应力 p_y、p_z，综合起来：

$$\begin{cases} p_x = \sigma_x n_x + \tau_{yx} n_y + \tau_{zx} n_z \\ p_y = \tau_{xy} n_x + \sigma_y n_y + \tau_{zy} n_z \\ p_z = \tau_{xz} n_x + \tau_{yz} n_y + \sigma_z n_z \end{cases} \tag{4-11}$$

如将 p_x、p_y、p_z 合成，则得到总应力 $p = \sqrt{p_x^2 + p_y^2 + p_z^2}$。如果将 p_x、p_y、p_z 沿面 ABC 法向分解，则得到正应力 σ_n：

$$\sigma_n = p_x n_x + p_y n_y + p_z n_z = \sigma_x n_x^2 + \sigma_y n_y^2 + \sigma_z n_z^2 + 2\tau_{xy} n_x n_y + 2\tau_{yz} n_y n_z + 2\tau_{zx} n_z n_x$$

进而可得到总切应力 $\tau_n = \sqrt{p^2 - \sigma_n^2}$。

如果微分四面体位于变形体边界上时,即面 ABC 为外边界,则可能受到外力作用,如果设单位面积外力为 T_x、T_y、T_z 的话,则可以根据式 4-11 写出应力边界条件:

$$\begin{cases} T_x = \sigma_x n_x + \tau_{yx} n_y + \tau_{zx} n_z \\ T_y = \tau_{xy} n_x + \sigma_y n_y + \tau_{zy} n_z \\ T_z = \tau_{xz} n_x + \tau_{yz} n_y + \sigma_z n_z \end{cases}$$

4.1.2.3 平衡微分方程

微分六面体的应力分布已经在图 4-9 中得到了表达。但是,我们只画出了三个面上的应力,另外三个面由于视觉角度问题而没有画出。现在,我们将六个面的应力全部画出,如图 4-11 所示。

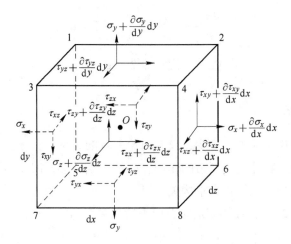

图 4-11 微分六面体真实应力分布

面 1537 上的应力为 σ_x、τ_{xz}、τ_{xy}。根据连续性假设,应力可以写成函数的形式,例如 $\sigma_x = \sigma_x(x, y, z)$。面 2684 与面 1537 相平行,只是在 X 方向上相差 dx,因此在面 2684 上,σ_x 变为:$\sigma_x|_{x=x+dx} = \sigma_x(x+dx, y, z)$。由于应力是连续函数,因此可以进行泰勒展开:

$$\sigma_x|_{x=x+dx} = \sigma_x(x, y, z) + \frac{\partial \sigma x}{\partial x} dx \tag{4-12}$$

其他的应力做类似处理,最后六个面应力结果如图 4-11 所示。

处于这些力作用下的微分六面体处于平衡状态,所有力的合力代数和应为零,以 X 方向为例,与 X 方向有关的力的合力为:

$$\left[\left(\sigma_x + \frac{\partial \sigma_x}{\partial x}\mathrm{d}x\right) - \sigma_x\right]\mathrm{d}y\mathrm{d}z + \left[\left(\tau_{yx} + \frac{\partial \tau_{yx}}{\partial y}\mathrm{d}y\right) - \tau_{yx}\right]\mathrm{d}y\mathrm{d}z +$$
$$\left[\left(\tau_{zx} + \frac{\partial \tau_{zx}}{\partial z}\mathrm{d}z\right) - \tau_{zx}\right]\mathrm{d}x\mathrm{d}y + X\mathrm{d}x\mathrm{d}y\mathrm{d}z = 0$$

化简得：

$$\frac{\partial \sigma_x}{\partial x} + \frac{\partial \tau_{yx}}{\partial y} + \frac{\partial \tau_{zx}}{\partial z} + X = 0$$

式中，X 为变形体在 X 方向上的单位体积力。

Y、Z 方向做类似处理也会得到类似方程，最后汇总起来，得到全部平衡微分方程：

$$\begin{cases} \dfrac{\partial \sigma_x}{\partial x} + \dfrac{\partial \tau_{yx}}{\partial y} + \dfrac{\partial \tau_{zx}}{\partial z} + X = 0 \\ \dfrac{\partial \tau_{xy}}{\partial x} + \dfrac{\partial \sigma_y}{\partial y} + \dfrac{\partial \tau_{zy}}{\partial z} + Y = 0 \\ \dfrac{\partial \tau_{xz}}{\partial x} + \dfrac{\partial \tau_{yz}}{\partial y} + \dfrac{\partial \sigma_z}{\partial z} + Z = 0 \end{cases} \quad (4-13)$$

4.1.3 本构关系

前面我们讨论了应力和应变，没有讨论两者的关系。实际上二者有着密切的联系，也就是说，物体受到了力的作用，必然产生变形，因此力和变形之间存在一定的关系，这种关系被称为本构关系。

根据文献 [2]，弹性体变形时，应力应变关系为：

$$\begin{cases} \varepsilon_x = \dfrac{1}{E}[\sigma_x - \mu(\sigma_y + \sigma_z)] & \gamma_{xy} = \dfrac{\tau_{xy}}{G} \\ \varepsilon_y = \dfrac{1}{E}[\sigma_y - \mu(\sigma_x + \sigma_z)] & \gamma_{yz} = \dfrac{\tau_{yz}}{G} \\ \varepsilon_z = \dfrac{1}{E}[\sigma_z - \mu(\sigma_x + \sigma_y)] & \gamma_{zx} = \dfrac{\tau_{zx}}{G} \end{cases} \quad (4-14)$$

式中，E 为变形体弹性模量；G 为变形体剪切模量；μ 为泊松比。

4.2 弹性力学变分原理

根据前面的论述，我们知道，当一个物体受力后产生弹性体变形时，所涉及的方程有平衡微分方程、几何方程和本构关系，现总结如下。

本构关系为：

$$\begin{cases} \varepsilon_x = \frac{1}{E}[\sigma_x - \mu(\sigma_y + \sigma_z)] \\ \varepsilon_y = \frac{1}{E}[\sigma_y - \mu(\sigma_x + \sigma_z)] \\ \varepsilon_z = \frac{1}{E}[\sigma_z - \mu(\sigma_x + \sigma_y)] \\ \gamma_{xy} = \frac{\tau_{xy}}{G} \\ \gamma_{yz} = \frac{\tau_{yz}}{G} \\ \gamma_{zx} = \frac{\tau_{zx}}{G} \end{cases} \tag{4-15}$$

平衡微分方程为：

$$\begin{cases} \frac{\partial \sigma_x}{\partial x} + \frac{\partial \tau_{yx}}{\partial y} + \frac{\partial \tau_{zx}}{\partial z} + X = 0 \\ \frac{\partial \tau_{xy}}{\partial x} + \frac{\partial \sigma_y}{\partial y} + \frac{\partial \tau_{zy}}{\partial z} + Y = 0 \\ \frac{\partial \tau_{xz}}{\partial x} + \frac{\partial \tau_{yz}}{\partial y} + \frac{\partial \sigma_z}{\partial z} + Z = 0 \end{cases} \tag{4-16}$$

几何方程为：

$$\varepsilon_{ij} = \frac{1}{2}\left(\frac{\partial u_i}{\partial x_j} + \frac{\partial u_j}{\partial x_i}\right) \quad (i, j = x, y, z) \tag{4-17}$$

加上力的边界体条件为：

$$\begin{cases} T_x = \sigma_x n_x + \tau_{yx} n_y + \tau_{zx} n_z \\ T_y = \tau_{xy} n_x + \sigma_y n_y + \tau_{zy} n_z \\ T_z = \tau_{xz} n_x + \tau_{yz} n_y + \sigma_z n_z \end{cases} \tag{4-18}$$

位移边界条件为：

$$u = \bar{u}, \ v = \bar{v}, \ w = \bar{w} \tag{4-19}$$

在这些方程中，应力平衡微分方程是控制方程，而几何方程和本构关系，则是把应力和位移联系起来。

从理论上讲，求解上述方程就能得到变形体的应力、应变等各种信息，但实际上由于问题的复杂性，上述方程很难得到解析解。因此通过有限元方法得到数值解，就成为必然的选择。

在第 3 章我们曾利用变分法推导了热传导问题有限元求解列式。变分法的关键是建立关于控制方程的泛函，然后利用泛函极值条件得到有限元求解列式。在弹性力学中可以根据汉密尔顿原理构造泛函。汉密尔顿原理简述为[3]：在所有变形体的可能位移中，真实位移应使拉格朗日泛函取得最小值。

这里提到的拉格朗日泛函就是我们要寻找的关于控制方程的泛函，它的表达式为：

$$L = W_f - \Pi \tag{4-20}$$

式中，W_f 为外力对变形体所做的功；Π 为弹性体应变能。

如果设变形体的位移函数为 $u=u(x, y, z)$、$v=v(x, y, z)$、$w=w(x, y, z)$，和位移相对应的应变为 ε_x、ε_y、ε_z、γ_{xy}、γ_{yz}、γ_{zx}，则弹性体的应变能为：

$$\Pi = \frac{1}{2}\iiint_V (\sigma_x\varepsilon_x + \sigma_y\varepsilon_y + \sigma_z\varepsilon_z + \tau_{xy}\gamma_{xy} + \tau_{yz}\gamma_{yz} + \tau_{zx}\gamma_{zx})\mathrm{d}V \tag{4-21}$$

而体积力对弹性体所做的功为：

$$W_{f1} = \iiint_V (Xu + Yv + Zw)\mathrm{d}V \tag{4-22}$$

表面力对弹性体所做的功为：

$$W_{f2} = \iint_S (T_x u + T_y v + T_z w)\mathrm{d}S \tag{4-23}$$

最终拉格朗日泛函表达式为：

$$L = \iiint_V (Xu + Yv + Zw)\mathrm{d}V + \iint_S (T_x u + T_y v + T_z w)\mathrm{d}S - \\ \frac{1}{2}\iiint_V (\sigma_x\varepsilon_x + \sigma_y\varepsilon_y + \sigma_z\varepsilon_z + \tau_{xy}\gamma_{xy} + \tau_{yz}\gamma_{yz} + \tau_{zx}\gamma_{zx})\mathrm{d}V \tag{4-24}$$

根据汉密尔顿原理可知，在所有变形体的可能位移中，真实位移应使拉格朗日泛函取得最小值，即：

$$\delta L = 0 \tag{4-25}$$

展开：

$$\delta L = \iiint_V (X\delta u + Y\delta v + Z\delta w)\mathrm{d}V + \iint_S (T_x\delta u + T_y\delta v + T_z\delta w)\mathrm{d}S - \\ \frac{1}{2}\iiint_V (\sigma_x\delta\varepsilon_x + \sigma_y\delta\varepsilon_y + \sigma_z\delta\varepsilon_z + \tau_{xy}\delta\gamma_{xy} + \tau_{yz}\delta\gamma_{yz} + \tau_{zx}\delta\gamma_{zx})\mathrm{d}V \tag{4-26}$$

或者：

$$\iiint_V (X\delta u + Y\delta v + Z\delta w)\mathrm{d}V + \iint_S (T_x\delta u + T_y\delta v + T_z\delta w)\mathrm{d}S + \\ \frac{1}{2}\iiint_V (\sigma_x\delta\varepsilon_x + \sigma_y\delta\varepsilon_y + \sigma_z\delta\varepsilon_z + \tau_{xy}\delta\gamma_{xy} + \tau_{yz}\delta\gamma_{yz} + \tau_{zx}\delta\gamma_{zx})\mathrm{d}V = 0$$

$$\tag{4-27}$$

4.3 弹性力学有限元求解列式推导

推导有限元求解列式，首先应对变形体进行离散，这里采用六面体单元

进行离散。可模仿 2.3.2 节的温度插值函数,写出六面体 8 节点单元位移插值函数:

$$\begin{cases} u(x, y, z) = \sum_{i=1}^{8} N_i(x, y, z) u_i \\ v(x, y, z) = \sum_{i=1}^{8} N_i(x, y, z) v_i \\ w(x, y, z) = \sum_{i=1}^{8} N_i(x, y, z) w_i \end{cases} \quad (4-28)$$

注意这里的位移是近似解,而上节的位移为精确解,另外自变量是关于 x,y,z 的。将式 4-28 代入式 4-17,可得到用节点位移表示的几何方程:

$$\begin{cases} \varepsilon_x = \dfrac{\partial u}{\partial x} = \sum_{i=1}^{8} \dfrac{\partial N_i}{\partial x} u_i \\ \varepsilon_y = \dfrac{\partial v}{\partial y} = \sum_{i=1}^{8} \dfrac{\partial N_i}{\partial y} v_i \\ \varepsilon_z = \dfrac{\partial w}{\partial z} = \sum_{i=1}^{8} \dfrac{\partial N_i}{\partial z} w_i \\ \gamma_{xy} = \dfrac{1}{2}\left(\dfrac{\partial u}{\partial y} + \dfrac{\partial v}{\partial x}\right) = \dfrac{1}{2}\left(\sum_{i=1}^{8} \dfrac{\partial N_i}{\partial y} u_i + \sum_{i=1}^{8} \dfrac{\partial N_i}{\partial x} v_i\right) \\ \gamma_{yz} = \dfrac{1}{2}\left(\dfrac{\partial w}{\partial y} + \dfrac{\partial v}{\partial z}\right) = \dfrac{1}{2}\left(\sum_{i=1}^{8} \dfrac{\partial N_i}{\partial y} w_i + \sum_{i=1}^{8} \dfrac{\partial N_i}{\partial z} v_i\right) \\ \gamma_{zx} = \dfrac{1}{2}\left(\dfrac{\partial w}{\partial x} + \dfrac{\partial u}{\partial z}\right) = \dfrac{1}{2}\left(\sum_{i=1}^{8} \dfrac{\partial N_i}{\partial x} w_i + \sum_{i=1}^{8} \dfrac{\partial N_i}{\partial z} u_i\right) \end{cases} \quad (4-29)$$

将本构方程式 4-15 用另一种方式表达出来:

$$\begin{cases} \sigma_x = \dfrac{E}{1+\mu}\varepsilon_x + \lambda(\varepsilon_x + \varepsilon_y + \varepsilon_z) \\ \sigma_y = \dfrac{E}{1+\mu}\varepsilon_y + \lambda(\varepsilon_x + \varepsilon_y + \varepsilon_z) \\ \sigma_z = \dfrac{E}{1+\mu}\varepsilon_z + \lambda(\varepsilon_x + \varepsilon_y + \varepsilon_z) \\ \tau_{xy} = G\gamma_{xy} \\ \tau_{yz} = G\gamma_{yz} \\ \tau_{zx} = G\gamma_{zx} \end{cases} \quad (4-30)$$

其中,$\lambda = \dfrac{\mu E}{(1+\mu)(1-2\mu)}$,$G = \dfrac{E}{2(1+\mu)}$。

将式 4-29 代入式 4-30,可得到用位移表达的本构关系:

$$\begin{cases}\sigma_x = \dfrac{E}{1+\mu}\left(\sum_{i=1}^{8}\dfrac{\partial N_i}{\partial x}u_i\right) + \lambda\left(\sum_{i=1}^{8}\dfrac{\partial N_i}{\partial x}u_i + \sum_{i=1}^{8}\dfrac{\partial N_i}{\partial y}v_i + \sum_{i=1}^{8}\dfrac{\partial N_i}{\partial z}w_i\right)\\ \sigma_y = \dfrac{E}{1+\mu}\left(\sum_{i=1}^{8}\dfrac{\partial N_i}{\partial y}v_i\right) + \lambda\left(\sum_{i=1}^{8}\dfrac{\partial N_i}{\partial x}u_i + \sum_{i=1}^{8}\dfrac{\partial N_i}{\partial y}v_i + \sum_{i=1}^{8}\dfrac{\partial N_i}{\partial z}w_i\right)\\ \sigma_z = \dfrac{E}{1+\mu}\left(\sum_{i=1}^{8}\dfrac{\partial N_i}{\partial z}w_i\right) + \lambda\left(\sum_{i=1}^{8}\dfrac{\partial N_i}{\partial x}u_i + \sum_{i=1}^{8}\dfrac{\partial N_i}{\partial y}v_i + \sum_{i=1}^{8}\dfrac{\partial N_i}{\partial z}w_i\right)\\ \tau_{xy} = G\gamma_{xy} = \dfrac{G}{2}\left(\sum_{i=1}^{8}\dfrac{\partial N_i}{\partial y}u_i + \sum_{i=1}^{8}\dfrac{\partial N_i}{\partial x}v_i\right)\\ \tau_{yz} = G\gamma_{yz} = \dfrac{G}{2}\left(\sum_{i=1}^{8}\dfrac{\partial N_i}{\partial y}w_i + \sum_{i=1}^{8}\dfrac{\partial N_i}{\partial z}v_i\right)\\ \tau_{zx} = G\gamma_{zx} = \dfrac{G}{2}\left(\sum_{i=1}^{8}\dfrac{\partial N_i}{\partial x}w_i + \sum_{i=1}^{8}\dfrac{\partial N_i}{\partial z}u_i\right)\end{cases} \quad (4-31)$$

将应力、应变均用位移表达后,将它们代入式 4-24,并分别令:

$$G = \iiint_V (Xu + Yv + Zw)\mathrm{d}V = \iiint_V \left\{X\left[\sum_{i=1}^{8}N_i(x,y,z)u_i\right] + Y\left[\sum_{i=1}^{8}N_i(x,y,z)v_i\right] + Z\left[\sum_{i=1}^{8}N_i(x,y,z)w_i\right]\right\}\mathrm{d}V$$

$$H = \iint_S (T_x u + T_y v + T_z w)\mathrm{d}S = \iint_S \left[T_x\left(\sum_{i=1}^{8}N_i u_i\right) + T_y\left(\sum_{i=1}^{8}N_i v_i\right) + T_z\left(\sum_{i=1}^{8}N_i w_i\right)\right]\mathrm{d}S$$

$$A = \dfrac{1}{2}\iiint_V \sigma_x \varepsilon_x \mathrm{d}V = \dfrac{1}{2}\iiint_V \left[\dfrac{E}{1+\mu}\left(\sum_{i=1}^{8}\dfrac{\partial N_i}{\partial x}u_i\right) + \lambda\left(\sum_{i=1}^{8}\dfrac{\partial N_i}{\partial x}u_i + \sum_{i=1}^{8}\dfrac{\partial N_i}{\partial y}v_i + \sum_{i=1}^{8}\dfrac{\partial N_i}{\partial z}w_i\right)\right]\left(\sum_{i=1}^{8}\dfrac{\partial N_i}{\partial x}u_i\right)\mathrm{d}V$$

$$B = \dfrac{1}{2}\iiint_V \sigma_y \varepsilon_y \mathrm{d}V = \dfrac{1}{2}\iiint_V \left[\dfrac{E}{1+\mu}\left(\sum_{i=1}^{8}\dfrac{\partial N_i}{\partial y}v_i\right) + \lambda\left(\sum_{i=1}^{8}\dfrac{\partial N_i}{\partial x}u_i + \sum_{i=1}^{8}\dfrac{\partial N_i}{\partial y}v_i + \sum_{i=1}^{8}\dfrac{\partial N_i}{\partial z}w_i\right)\right]\left(\sum_{i=1}^{8}\dfrac{\partial N_i}{\partial y}v_i\right)\mathrm{d}V$$

$$C = \dfrac{1}{2}\iiint_V \sigma_z \varepsilon_z \mathrm{d}V = \dfrac{1}{2}\iiint_V \left[\dfrac{E}{1+\mu}\left(\sum_{i=1}^{8}\dfrac{\partial N_i}{\partial z}w_i\right) + \lambda\left(\sum_{i=1}^{8}\dfrac{\partial N_i}{\partial x}u_i + \sum_{i=1}^{8}\dfrac{\partial N_i}{\partial y}v_i + \sum_{i=1}^{8}\dfrac{\partial N_i}{\partial z}w_i\right)\right]\left(\sum_{i=1}^{8}\dfrac{\partial N_i}{\partial z}w_i\right)\mathrm{d}V$$

$$D = \dfrac{1}{2}\iiint_V \tau_{xy}\gamma_{xy}\mathrm{d}V = \dfrac{1}{8}\iiint_V G\left(\sum_{i=1}^{8}\dfrac{\partial N_i}{\partial y}u_i + \sum_{i=1}^{8}\dfrac{\partial N_i}{\partial x}v_i\right)\left(\sum_{i=1}^{8}\dfrac{\partial N_i}{\partial y}u_i + \sum_{i=1}^{8}\dfrac{\partial N_i}{\partial x}v_i\right)\mathrm{d}V$$

$$E = \frac{1}{2}\iiint_V \tau_{yz}\gamma_{yz}\mathrm{d}V = \frac{1}{8}\iiint_V G\left(\sum_{i=1}^{8}\frac{\partial N_i}{\partial y}w_i + \sum_{i=1}^{8}\frac{\partial N_i}{\partial z}v_i\right)\left(\sum_{i=1}^{8}\frac{\partial N_i}{\partial y}w_i + \sum_{i=1}^{8}\frac{\partial N_i}{\partial z}v_i\right)\mathrm{d}V$$

$$F = \frac{1}{2}\iiint_V \tau_{zx}\gamma_{zx}\mathrm{d}V = \frac{1}{8}\iiint_V G\left(\sum_{i=1}^{8}\frac{\partial N_i}{\partial x}w_i + \sum_{i=1}^{8}\frac{\partial N_i}{\partial z}u_i\right)\left(\sum_{i=1}^{8}\frac{\partial N_i}{\partial x}w_i + \sum_{i=1}^{8}\frac{\partial N_i}{\partial z}u_i\right)\mathrm{d}V$$

于是，泛函式 4-20 变为：

$$L = W_f - \Pi = (G + H) - (A + B + C + D + E + F) \tag{4-32}$$

根据汉密尔顿原理，真实的位移场应使上述泛函取极值：

$$\delta L = 0 \Rightarrow \begin{cases} \dfrac{\partial L}{\partial u_i} = 0 & (i = 1, 2, \cdots, 8) \\ \dfrac{\partial L}{\partial v_i} = 0 & (i = 1, 2, \cdots, 8) \\ \dfrac{\partial L}{\partial w_i} = 0 & (i = 1, 2, \cdots, 8) \end{cases} \tag{4-33}$$

式 4-33 中的 u_i、v_i、w_i 分别为六面体单元第 i 个节点的位移。上述泛函极值问题变为关于单元节点位移的多元函数的极值问题，满足式 4-33 的单元节点位移就是问题的解。

式 4-33 可进一步展开：

$$\frac{\partial L}{\partial u_i} = \left(\frac{\partial G}{\partial u_i} + \frac{\partial H}{\partial u_i}\right) - \left(\frac{\partial A}{\partial u_i} + \frac{\partial B}{\partial u_i} + \frac{\partial C}{\partial u_i} + \frac{\partial D}{\partial u_i} + \frac{\partial E}{\partial u_i} + \frac{\partial F}{\partial u_i}\right) = 0 \tag{4-34}$$

即：

$$\frac{\partial G}{\partial u_i} + \frac{\partial H}{\partial u_i} = \frac{\partial A}{\partial u_i} + \frac{\partial B}{\partial u_i} + \frac{\partial C}{\partial u_i} + \frac{\partial D}{\partial u_i} + \frac{\partial E}{\partial u_i} + \frac{\partial F}{\partial u_i} \tag{4-35}$$

同理：

$$\frac{\partial G}{\partial v_i} + \frac{\partial H}{\partial v_i} = \frac{\partial A}{\partial v_i} + \frac{\partial B}{\partial v_i} + \frac{\partial C}{\partial v_i} + \frac{\partial D}{\partial v_i} + \frac{\partial E}{\partial v_i} + \frac{\partial F}{\partial v_i} \tag{4-36}$$

$$\frac{\partial G}{\partial w_i} + \frac{\partial H}{\partial w_i} = \frac{\partial A}{\partial w_i} + \frac{\partial B}{\partial w_i} + \frac{\partial C}{\partial w_i} + \frac{\partial D}{\partial w_i} + \frac{\partial E}{\partial w_i} + \frac{\partial F}{\partial w_i} \tag{4-37}$$

我们先推导式 4-34。

将前面得到的 A、B、C 等项代入：

$$\frac{\partial G}{\partial u_i} = \iiint_V X N_i(x, y, z)\mathrm{d}V \tag{4-38}$$

$$\frac{\partial H}{\partial u_i} = \frac{\partial}{\partial u_i}\iint_S \left\{T_x\left[\sum_{i=1}^{8} N_i(x, y, z)u_i\right] + T_y\left[\sum_{i=1}^{8} N_i(x, y, z)v_i\right] + T_z w\left[\sum_{i=1}^{8} N_i(x, y, z)w_i\right]\right\}\mathrm{d}S = \iint_S T_x N_i(x, y, z)\mathrm{d}S \tag{4-39}$$

$$\frac{\partial A}{\partial u_i} = \frac{1}{2}\iiint_V \left[2\left(\frac{E}{1+\mu} + \lambda\right)\sum_{i=1}^{8}\frac{\partial N_i}{\partial x}u_i + \lambda\sum_{i=1}^{8}\frac{\partial N_i}{\partial y}v_i + \lambda\sum_{i=1}^{8}\frac{\partial N_i}{\partial z}w_i\right]\frac{\partial N_i}{\partial x}\mathrm{d}V$$

$$\frac{\partial B}{\partial u_i} = \frac{\partial}{\partial u_i} \frac{1}{2} \iiint_V \left[\frac{E}{1+\mu} \left(\sum_{i=1}^{8} \frac{\partial N_i}{\partial y} v_i \right) + \lambda \left(\sum_{i=1}^{8} \frac{\partial N_i}{\partial x} u_i + \sum_{i=1}^{8} \frac{\partial N_i}{\partial y} v_i + \right. \right.$$

$$\left. \left. \sum_{i=1}^{8} \frac{\partial N_i}{\partial z} w_i \right) \right] \left(\sum_{i=1}^{8} \frac{\partial N_i}{\partial y} v_i \right) \mathrm{d}V$$

$$= \frac{1}{2} \iiint_V \lambda \left(\sum_{i=1}^{8} \frac{\partial N_i}{\partial y} v_i \right) \frac{\partial N_i}{\partial x} \mathrm{d}V$$

$$\frac{\partial C}{\partial u_i} = \frac{\partial}{\partial u_i} \frac{1}{2} \iiint_V \left[\frac{E}{1+\mu} \left(\sum_{i=1}^{8} \frac{\partial N_i}{\partial z} w_i \right) + \lambda \left(\sum_{i=1}^{8} \frac{\partial N_i}{\partial x} u_i + \sum_{i=1}^{8} \frac{\partial N_i}{\partial y} v_i + \right. \right.$$

$$\left. \left. \sum_{i=1}^{8} \frac{\partial N_i}{\partial z} w_i \right) \right] \left(\sum_{i=1}^{8} \frac{\partial N_i}{\partial z} w_i \right) \mathrm{d}V$$

$$= \frac{1}{2} \iiint_V \lambda \left(\sum_{i=1}^{8} \frac{\partial N_i}{\partial z} w_i \right) \frac{\partial N_i}{\partial x} \mathrm{d}V$$

$$\frac{\partial D}{\partial u_i} = \frac{G}{4} \iiint_{V^e} \frac{\partial N_i}{\partial y} \left(\sum_{i=1}^{8} \frac{\partial N_i}{\partial y} u_i + \sum_{i=1}^{8} \frac{\partial N_i}{\partial x} v_i \right) \mathrm{d}V$$

$$\frac{\partial E}{\partial u_i} = 0$$

$$\frac{\partial F}{\partial u_i} = \frac{G}{4} \iiint_{V^e} \frac{\partial N_i}{\partial z} \left(\sum_{i=1}^{8} \frac{\partial N_i}{\partial x} w_i + \sum_{i=1}^{8} \frac{\partial N_i}{\partial z} u_i \right) \mathrm{d}V$$

注意上面诸式的积分范围应为一个单元内,此时的 V、S 应为一个单元的体积和表面积,下同。

将它们相加:

$$\frac{\partial A}{\partial u_i} + \frac{\partial B}{\partial u_i} + \frac{\partial C}{\partial u_i} + \frac{\partial D}{\partial u_i} + \frac{\partial E}{\partial u_i} + \frac{\partial F}{\partial u_i} =$$

$$\iiint_{V^e} \begin{bmatrix} K_{11} & K_{12} & K_{13} & K_{14} & K_{15} & K_{16} & \cdots & K_{1,22} & K_{1,23} & K_{1,24} \\ K_{21} & K_{22} & K_{23} & K_{24} & K_{25} & K_{26} & \cdots & K_{2,22} & K_{2,23} & K_{2,24} \\ K_{31} & K_{32} & K_{33} & K_{34} & K_{35} & K_{36} & \cdots & K_{3,22} & K_{3,23} & K_{3,24} \\ K_{41} & K_{42} & K_{43} & K_{44} & K_{45} & K_{46} & \cdots & K_{4,22} & K_{4,23} & K_{4,24} \\ \vdots & \vdots & \vdots & \vdots & \vdots & \vdots & & \vdots & \vdots & \vdots \\ \vdots & \vdots & \vdots & \vdots & \vdots & \vdots & & \vdots & \vdots & \vdots \\ \vdots & \vdots & \vdots & \vdots & \vdots & \vdots & \cdots & \vdots & \vdots & \vdots \\ K_{22,1} & K_{22,2} & K_{22,3} & K_{22,4} & K_{22,5} & K_{22,6} & \cdots & K_{22,22} & K_{22,23} & K_{22,24} \\ K_{23,1} & K_{23,2} & K_{23,3} & K_{23,4} & K_{23,5} & K_{23,6} & \cdots & K_{23,22} & K_{23,23} & K_{23,24} \\ K_{24,1} & K_{24,2} & K_{24,3} & K_{24,4} & K_{24,5} & K_{24,6} & \cdots & K_{24,22} & K_{24,23} & K_{24,24} \end{bmatrix} \begin{bmatrix} u_1 \\ v_1 \\ w_1 \\ u_2 \\ v_2 \\ w_2 \\ \vdots \\ u_8 \\ v_8 \\ w_8 \end{bmatrix} \mathrm{d}V$$

(4-40)

相加并展开的结果写成矩阵形式,由于单元有 8 个节点,每个节点有 3 个位移,因此单元刚度矩阵的规模为 24×24。

将式 4-40 中 u_i 的下标 i 从 1 取到 8,会得到矩阵元素,但并没有将矩阵 4-40 填满,只是填充了一部分,这些填充元素以及位置如下:

$$K_{ij} = \omega \frac{\partial N_n}{\partial x}\frac{\partial N_m}{\partial x} + \frac{G}{4}\left(\frac{\partial N_n}{\partial y}\frac{\partial N_m}{\partial y} + \frac{\partial N_n}{\partial z}\frac{\partial N_m}{\partial z}\right)$$

$$i = 1 + 3(m-1),\ m = 1, 2, \cdots, 8;$$
$$j = 1 + 3(n-1),\ n = 1, 2, \cdots, 8$$

$$\omega = 2\left(\frac{E}{1+\mu} + \lambda\right)$$

$$K_{il} = \lambda \frac{\partial N_n}{\partial y}\frac{\partial N_m}{\partial x} + \frac{G}{4}\frac{\partial N_n}{\partial x}\frac{\partial N_m}{\partial y}$$

$$i = 1 + 3(m-1),\ m = 1, 2, \cdots, 8;$$
$$l = 2 + 3(n-1),\ n = 1, 2, \cdots, 8$$

$$K_{is} = \lambda \frac{\partial N_n}{\partial z}\frac{\partial N_m}{\partial x} + \frac{G}{4}\frac{\partial N_n}{\partial x}\frac{\partial N_m}{\partial z}$$

$$i = 1 + 3(m-1),\ m = 1, 2, \cdots, 8;$$
$$s = 3 + 3(n-1),\ n = 1, 2, \cdots, 8$$

(4-41)

将 m、$n = 1, 2, \cdots, 8$ 分别代入上式,可得矩阵元素的具体表达形式和填充位置 i、j。例如,$m=1$、$n=1, 2, \cdots, 8$ 时,得到矩阵第一行所有元素:

$$K_{11} = \omega \frac{\partial N_1}{\partial x}\frac{\partial N_1}{\partial x} + \frac{G}{4}\left(\frac{\partial N_1}{\partial y}\frac{\partial N_1}{\partial y} + \frac{\partial N_1}{\partial z}\frac{\partial N_1}{\partial z}\right)$$

$$K_{14} = \omega \frac{\partial N_2}{\partial x}\frac{\partial N_1}{\partial x} + \frac{G}{4}\left(\frac{\partial N_2}{\partial y}\frac{\partial N_1}{\partial y} + \frac{\partial N_2}{\partial z}\frac{\partial N_1}{\partial z}\right)$$

$$K_{17} = \omega \frac{\partial N_3}{\partial x}\frac{\partial N_1}{\partial x} + \frac{G}{4}\left(\frac{\partial N_3}{\partial y}\frac{\partial N_1}{\partial y} + \frac{\partial N_3}{\partial z}\frac{\partial N_1}{\partial z}\right)$$

$$K_{1,10} = \omega \frac{\partial N_4}{\partial x}\frac{\partial N_1}{\partial x} + \frac{G}{4}\left(\frac{\partial N_4}{\partial y}\frac{\partial N_1}{\partial y} + \frac{\partial N_4}{\partial z}\frac{\partial N_1}{\partial z}\right)$$

$$K_{1,13} = \omega \frac{\partial N_5}{\partial x}\frac{\partial N_1}{\partial x} + \frac{G}{4}\left(\frac{\partial N_5}{\partial y}\frac{\partial N_1}{\partial y} + \frac{\partial N_5}{\partial z}\frac{\partial N_1}{\partial z}\right)$$

$$K_{1,16} = \omega \frac{\partial N_6}{\partial x}\frac{\partial N_1}{\partial x} + \frac{G}{4}\left(\frac{\partial N_6}{\partial y}\frac{\partial N_1}{\partial y} + \frac{\partial N_6}{\partial z}\frac{\partial N_1}{\partial z}\right)$$

$$K_{1,19} = \omega \frac{\partial N_7}{\partial x}\frac{\partial N_1}{\partial x} + \frac{G}{4}\left(\frac{\partial N_7}{\partial y}\frac{\partial N_1}{\partial y} + \frac{\partial N_7}{\partial z}\frac{\partial N_1}{\partial z}\right)$$

$$K_{1,22} = \omega \frac{\partial N_8}{\partial x}\frac{\partial N_1}{\partial x} + \frac{G}{4}\left(\frac{\partial N_8}{\partial y}\frac{\partial N_1}{\partial y} + \frac{\partial N_8}{\partial z}\frac{\partial N_1}{\partial z}\right)$$

$$K_{12} = \lambda \frac{\partial N_1}{\partial y}\frac{\partial N_1}{\partial x} + \frac{G}{4}\frac{\partial N_1}{\partial x}\frac{\partial N_1}{\partial y}, \quad K_{15} = \lambda \frac{\partial N_2}{\partial y}\frac{\partial N_1}{\partial x} + \frac{G}{4}\frac{\partial N_2}{\partial x}\frac{\partial N_1}{\partial y}$$

$$K_{18} = \lambda \frac{\partial N_3}{\partial y}\frac{\partial N_1}{\partial x} + \frac{G}{4}\frac{\partial N_3}{\partial x}\frac{\partial N_1}{\partial y}$$

$$K_{1,11} = \lambda \frac{\partial N_4}{\partial y}\frac{\partial N_1}{\partial x} + \frac{G}{4}\frac{\partial N_4}{\partial x}\frac{\partial N_1}{\partial y}, \quad K_{1,14} = \lambda \frac{\partial N_5}{\partial y}\frac{\partial N_1}{\partial x} + \frac{G}{4}\frac{\partial N_5}{\partial x}\frac{\partial N_1}{\partial y}$$

$$K_{1,17} = \lambda \frac{\partial N_6}{\partial y}\frac{\partial N_1}{\partial x} + \frac{G}{4}\frac{\partial N_6}{\partial x}\frac{\partial N_1}{\partial y}$$

$$K_{1,20} = \lambda \frac{\partial N_7}{\partial y}\frac{\partial N_1}{\partial x} + \frac{G}{4}\frac{\partial N_7}{\partial x}\frac{\partial N_1}{\partial y}, \quad K_{1,23} = \lambda \frac{\partial N_8}{\partial y}\frac{\partial N_1}{\partial x} + \frac{G}{4}\frac{\partial N_8}{\partial x}\frac{\partial N_1}{\partial y}$$

$$K_{13} = \lambda \frac{\partial N_1}{\partial z}\frac{\partial N_1}{\partial x} + \frac{G}{4}\frac{\partial N_1}{\partial x}\frac{\partial N_1}{\partial z}, \quad K_{16} = \lambda \frac{\partial N_2}{\partial z}\frac{\partial N_1}{\partial x} + \frac{G}{4}\frac{\partial N_2}{\partial x}\frac{\partial N_1}{\partial z}$$

$$K_{19} = \lambda \frac{\partial N_3}{\partial z}\frac{\partial N_1}{\partial x} + \frac{G}{4}\frac{\partial N_3}{\partial x}\frac{\partial N_1}{\partial z}$$

$$K_{1,12} = \lambda \frac{\partial N_4}{\partial z}\frac{\partial N_1}{\partial x} + \frac{G}{4}\frac{\partial N_4}{\partial x}\frac{\partial N_1}{\partial z}, \quad K_{1,15} = \lambda \frac{\partial N_5}{\partial z}\frac{\partial N_1}{\partial x} + \frac{G}{4}\frac{\partial N_5}{\partial x}\frac{\partial N_1}{\partial z}$$

$$K_{1,18} = \lambda \frac{\partial N_6}{\partial z}\frac{\partial N_1}{\partial x} + \frac{G}{4}\frac{\partial N_6}{\partial x}\frac{\partial N_1}{\partial z}$$

$$K_{1,21} = \lambda \frac{\partial N_7}{\partial z}\frac{\partial N_1}{\partial x} + \frac{G}{4}\frac{\partial N_7}{\partial x}\frac{\partial N_1}{\partial z}, \quad K_{1,24} = \lambda \frac{\partial N_8}{\partial z}\frac{\partial N_1}{\partial x} + \frac{G}{4}\frac{\partial N_8}{\partial x}\frac{\partial N_1}{\partial z}$$

其他元素可同理得到,不再赘述。

将式 4-38 和式 4-39 相加得到:

$$\frac{\partial G}{\partial u_i} + \frac{\partial H}{\partial u_i} = \iiint_{Ve} X N_i \mathrm{d}V + \iint_{Se} T_x N_i \mathrm{d}S \tag{4-42}$$

其中,下标 i 的范围为 $1 \sim 8$。现将上式展开,写成矩阵形式:

$$\begin{bmatrix} \iiint_{Ve} X N_1 \mathrm{d}V \\ \vdots \\ \iiint_{Ve} X N_2 \mathrm{d}V \\ \vdots \\ \iiint_{Ve} X N_8 \mathrm{d}V \\ \vdots \end{bmatrix} + \begin{bmatrix} \iint_{Se} T_x N_1 \mathrm{d}S \\ \vdots \\ \iint_{Se} T_x N_2 \mathrm{d}S \\ \vdots \\ \iint_{Se} T_x N_8 \mathrm{d}S \\ \vdots \end{bmatrix} \tag{4-43}$$

这些矩阵元素都和物体受到的外力有关,因此称为载荷列阵。由于单元节点有 8 个,每个节点沿三个坐标轴方向受力,因此载荷列阵规模为 24×1。按式 4-42 展开得到的元素只是填充了矩阵 4-43 的一部分。

接下来,将式 4-36 诸项展开:

$$\frac{\partial A}{\partial v_i} = \frac{\lambda}{2} \iiint_{Ve} \frac{\partial N_i}{\partial y} \left(\sum_{i=1}^{8} \frac{\partial N_i}{\partial x} u_i \right) dV$$

$$\frac{\partial B}{\partial v_i} = \frac{1}{2} \iiint_{Ve} \left[2\left(\frac{E}{1+\mu} + \lambda \right) \sum_{i=1}^{8} \frac{\partial N_i}{\partial y} v_i + \lambda \sum_{i=1}^{8} \frac{\partial N_i}{\partial x} u_i + \lambda \sum_{i=1}^{8} \frac{\partial N_i}{\partial z} w_i \right] \frac{\partial N_i}{\partial y} dV$$

$$\frac{\partial C}{\partial v_i} = \iiint_{Ve} \frac{\lambda}{2} \frac{\partial N_i}{\partial y} \left(\sum_{i=1}^{8} \frac{\partial N_i}{\partial z} w_i \right) dV$$

$$\frac{\partial D}{\partial v_i} = \frac{G}{4} \iiint_{Ve} \frac{\partial N_i}{\partial x} \left(\sum_{i=1}^{8} \frac{\partial N_i}{\partial y} u_i + \sum_{i=1}^{8} \frac{\partial N_i}{\partial x} v_i \right) dV$$

$$\frac{\partial E}{\partial v_i} = \frac{G}{4} \iiint_{Ve} \frac{\partial N_i}{\partial z} \left(\sum_{i=1}^{8} \frac{\partial N_i}{\partial y} w_i + \sum_{i=1}^{8} \frac{\partial N_i}{\partial z} v_i \right) dV$$

$$\frac{\partial F}{\partial v_i} = 0$$

$$\frac{\partial G}{\partial v_i} = \iiint_{Ve} Y N_i(x, y, z) dV \tag{4-44}$$

$$\frac{\partial H}{\partial v_i} = \iint_{Se} T_y N_i dS \tag{4-45}$$

然后加和,得到如下矩阵:

$$\frac{\partial A}{\partial v_i} + \frac{\partial B}{\partial v_i} + \frac{\partial C}{\partial v_i} + \frac{\partial D}{\partial v_i} + \frac{\partial E}{\partial v_i}$$

$$= \iiint_{Ve} \begin{bmatrix} K_{11} & K_{12} & K_{13} & K_{14} & K_{15} & K_{16} & \cdots & K_{1,22} & K_{1,23} & K_{1,24} \\ K_{21} & K_{22} & K_{23} & K_{24} & K_{25} & K_{26} & \cdots & K_{2,22} & K_{2,23} & K_{2,24} \\ K_{31} & K_{32} & K_{33} & K_{34} & K_{35} & K_{36} & \cdots & K_{3,22} & K_{3,23} & K_{3,24} \\ K_{41} & K_{42} & K_{43} & K_{44} & K_{45} & K_{46} & \cdots & K_{4,22} & K_{4,23} & K_{4,24} \\ \vdots & \vdots & \vdots & \vdots & \vdots & \vdots & \cdots & \vdots & \vdots & \vdots \\ \vdots & \vdots & \vdots & \vdots & \vdots & \vdots & \cdots & \vdots & \vdots & \vdots \\ K_{22,1} & K_{22,2} & K_{22,3} & K_{22,4} & K_{22,5} & K_{22,6} & \cdots & K_{22,22} & K_{22,23} & K_{22,24} \\ K_{23,1} & K_{23,2} & K_{23,3} & K_{23,4} & K_{23,5} & K_{23,6} & \cdots & K_{23,22} & K_{23,23} & K_{23,24} \\ K_{24,1} & K_{24,2} & K_{24,3} & K_{24,4} & K_{24,5} & K_{24,6} & \cdots & K_{24,22} & K_{24,23} & K_{24,24} \end{bmatrix} \begin{bmatrix} u_1 \\ v_1 \\ w_1 \\ u_2 \\ v_2 \\ w_2 \\ \vdots \\ u_8 \\ v_8 \\ w_8 \end{bmatrix} dV$$

$$\tag{4-46}$$

此矩阵同矩阵 4-40 一样，其元素可写成如下通式：

$$K_{ij} = \lambda \frac{\partial N_n}{\partial x}\frac{\partial N_m}{\partial y} + \frac{G}{4}\frac{\partial N_n}{\partial y}\frac{\partial N_m}{\partial x}$$

$i = 2 + 3(m-1)$, $m = 1, 2, \cdots, 8$; $j = 1 + 3(n-1)$, $n = 1, 2, \cdots, 8$

$$K_{il} = \omega \frac{\partial N_n}{\partial y}\frac{\partial N_m}{\partial y} + \frac{G}{4}\left(\frac{\partial N_n}{\partial x}\frac{\partial N_m}{\partial x} + \frac{\partial N_n}{\partial z}\frac{\partial N_m}{\partial z}\right)$$

$i = 2 + 3(m-1)$, $m = 1, 2, \cdots, 8$; $l = 2 + 3(n-1)$, $n = 1, 2, \cdots, 8$

$$\omega = 2\left(\frac{E}{1+\mu} + \lambda\right)$$

$$K_{is} = \lambda \frac{\partial N_n}{\partial z}\frac{\partial N_m}{\partial y} + \frac{G}{4}\frac{\partial N_n}{\partial y}\frac{\partial N_m}{\partial z}$$

$i = 2 + 3(m-1)$, $m = 1, 2, \cdots, 8$; $s = 3 + 3(n-1)$, $n = 1, 2, \cdots, 8$

(4-47)

这些元素和式 4-40 中的元素属于同一矩阵，但填充位置不同，例如，同样取 $m = 1$、$n = 1, 2, \cdots, 8$，这些元素则填入矩阵的第二行。这些元素如下：

$$K_{21} = \lambda \frac{\partial N_1}{\partial x}\frac{\partial N_1}{\partial y} + \frac{G}{4}\frac{\partial N_1}{\partial y}\frac{\partial N_1}{\partial x}, \quad K_{24} = \lambda \frac{\partial N_2}{\partial x}\frac{\partial N_1}{\partial y} + \frac{G}{4}\frac{\partial N_2}{\partial y}\frac{\partial N_1}{\partial x}$$

$$K_{27} = \lambda \frac{\partial N_3}{\partial x}\frac{\partial N_1}{\partial y} + \frac{G}{4}\frac{\partial N_3}{\partial y}\frac{\partial N_1}{\partial x}$$

$$K_{2,10} = \lambda \frac{\partial N_4}{\partial x}\frac{\partial N_1}{\partial y} + \frac{G}{4}\frac{\partial N_4}{\partial y}\frac{\partial N_1}{\partial x}, \quad K_{2,13} = \lambda \frac{\partial N_1}{\partial x}\frac{\partial N_5}{\partial y} + \frac{G}{4}\frac{\partial N_5}{\partial y}\frac{\partial N_1}{\partial x}$$

$$K_{2,16} = \lambda \frac{\partial N_6}{\partial x}\frac{\partial N_1}{\partial y} + \frac{G}{4}\frac{\partial N_6}{\partial y}\frac{\partial N_1}{\partial x}$$

$$K_{2,19} = \lambda \frac{\partial N_7}{\partial x}\frac{\partial N_1}{\partial y} + \frac{G}{4}\frac{\partial N_7}{\partial y}\frac{\partial N_1}{\partial x}, \quad K_{2,22} = \lambda \frac{\partial N_8}{\partial x}\frac{\partial N_1}{\partial y} + \frac{G}{4}\frac{\partial N_8}{\partial y}\frac{\partial N_1}{\partial x}$$

$$K_{22} = \omega \frac{\partial N_1}{\partial y}\frac{\partial N_1}{\partial y} + \frac{G}{4}\left(\frac{\partial N_1}{\partial x}\frac{\partial N_1}{\partial x} + \frac{\partial N_1}{\partial z}\frac{\partial N_1}{\partial z}\right)$$

$$K_{25} = \omega \frac{\partial N_2}{\partial y}\frac{\partial N_1}{\partial y} + \frac{G}{4}\left(\frac{\partial N_2}{\partial x}\frac{\partial N_1}{\partial x} + \frac{\partial N_2}{\partial z}\frac{\partial N_1}{\partial z}\right)$$

$$K_{28} = \omega \frac{\partial N_3}{\partial y}\frac{\partial N_1}{\partial y} + \frac{G}{4}\left(\frac{\partial N_3}{\partial x}\frac{\partial N_1}{\partial x} + \frac{\partial N_3}{\partial z}\frac{\partial N_1}{\partial z}\right)$$

$$K_{2,11} = \omega \frac{\partial N_4}{\partial y}\frac{\partial N_1}{\partial y} + \frac{G}{4}\left(\frac{\partial N_4}{\partial x}\frac{\partial N_1}{\partial x} + \frac{\partial N_4}{\partial z}\frac{\partial N_1}{\partial z}\right)$$

$$K_{2,14} = \lambda \frac{\partial N_5}{\partial y}\frac{\partial N_1}{\partial x} + \frac{G}{4}\frac{\partial N_5}{\partial x}\frac{\partial N_1}{\partial y}, \quad K_{2,17} = \omega \frac{\partial N_6}{\partial y}\frac{\partial N_1}{\partial y} + \frac{G}{4}\left(\frac{\partial N_6}{\partial x}\frac{\partial N_1}{\partial x} + \frac{\partial N_6}{\partial z}\frac{\partial N_1}{\partial z}\right)$$

$$K_{2,20} = \omega \frac{\partial N_7}{\partial y}\frac{\partial N_1}{\partial y} + \frac{G}{4}\left(\frac{\partial N_7}{\partial x}\frac{\partial N_1}{\partial x} + \frac{\partial N_7}{\partial z}\frac{\partial N_1}{\partial z}\right)$$

$$K_{2,23} = \omega \frac{\partial N_8}{\partial y}\frac{\partial N_1}{\partial y} + \frac{G}{4}\left(\frac{\partial N_8}{\partial x}\frac{\partial N_1}{\partial x} + \frac{\partial N_8}{\partial z}\frac{\partial N_1}{\partial z}\right)$$

$$K_{23} = \lambda \frac{\partial N_1}{\partial z}\frac{\partial N_1}{\partial y} + \frac{G}{4}\frac{\partial N_1}{\partial y}\frac{\partial N_1}{\partial z}, \quad K_{26} = \lambda \frac{\partial N_2}{\partial z}\frac{\partial N_1}{\partial y} + \frac{G}{4}\frac{\partial N_2}{\partial y}\frac{\partial N_1}{\partial z}$$

$$K_{29} = \lambda \frac{\partial N_3}{\partial z}\frac{\partial N_1}{\partial y} + \frac{G}{4}\frac{\partial N_3}{\partial y}\frac{\partial N_1}{\partial z}$$

$$K_{2,12} = \lambda \frac{\partial N_4}{\partial z}\frac{\partial N_1}{\partial y} + \frac{G}{4}\frac{\partial N_4}{\partial y}\frac{\partial N_1}{\partial z}, \quad K_{2,15} = \lambda \frac{\partial N_5}{\partial z}\frac{\partial N_1}{\partial y} + \frac{G}{4}\frac{\partial N_5}{\partial y}\frac{\partial N_1}{\partial z}$$

$$K_{2,18} = \lambda \frac{\partial N_6}{\partial z}\frac{\partial N_1}{\partial y} + \frac{G}{4}\frac{\partial N_6}{\partial y}\frac{\partial N_1}{\partial z}$$

$$K_{2,21} = \lambda \frac{\partial N_7}{\partial z}\frac{\partial N_1}{\partial y} + \frac{G}{4}\frac{\partial N_7}{\partial y}\frac{\partial N_1}{\partial z}, \quad K_{2,24} = \lambda \frac{\partial N_8}{\partial z}\frac{\partial N_1}{\partial y} + \frac{G}{4}\frac{\partial N_8}{\partial y}\frac{\partial N_1}{\partial z}$$

将式 4-44 和式 4-45 相加得到：

$$\frac{\partial G}{\partial v_i} + \frac{\partial H}{\partial v_i} = \iiint_{V^e} Y N_i \mathrm{d}V + \iint_{S^e} T_y N_i \mathrm{d}S \tag{4-48}$$

其中，下标 i 的范围为 $1 \sim 8$。将式 4-48 展开，写成矩阵形式：

$$\begin{bmatrix} \vdots \\ \iiint_{V^e} Y N_1 \mathrm{d}V \\ \vdots \\ \iiint_{V^e} Y N_2 \mathrm{d}V \\ \vdots \\ \iiint_{V^e} Y N_8 \mathrm{d}V \\ \vdots \end{bmatrix} + \begin{bmatrix} \vdots \\ \iint_{S^e} T_y N_1 \mathrm{d}S \\ \vdots \\ \iint_{S^e} T_y N_2 \mathrm{d}S \\ \vdots \\ \iint_{S^e} T_y N_8 \mathrm{d}S \\ \vdots \end{bmatrix} \tag{4-49}$$

与矩阵 4-43 一样，这也是载荷列阵，只是元素填充位置不同于矩阵 4-43。

同理，将式 4-37 展开：

$$\frac{\partial A}{\partial w_i} = \frac{\lambda}{2}\iiint_V \frac{\partial N_i}{\partial z}\left(\sum_{i=1}^{8}\frac{\partial N_i}{\partial x}u_i\right)\mathrm{d}V$$

$$\frac{\partial B}{\partial w_i} = \frac{\lambda}{2}\iiint_V \frac{\partial N_i}{\partial z}\left(\sum_{i=1}^{8}\frac{\partial N_i}{\partial y}v_i\right)\mathrm{d}V$$

$$\frac{\partial C}{\partial w_i} = \frac{1}{2}\iiint_{V^e}\left\{\left(\frac{E}{1+\mu}+\lambda\right)\frac{\partial N_i}{\partial z}\left(\sum_{i=1}^{8}\frac{\partial N_i}{\partial z}w_i\right) + \left[\frac{E}{1+\mu}\sum_{i=1}^{8}\frac{\partial N_i}{\partial z}w_i + \lambda\left(\sum_{i=1}^{8}\frac{\partial N_i}{\partial x}u_i + \sum_{i=1}^{8}\frac{\partial N_i}{\partial y}v_i + \sum_{i=1}^{8}\frac{\partial N_i}{\partial z}w_i\right)\right]\frac{\partial N_i}{\partial z}\right\}\mathrm{d}V$$

$$\frac{\partial D}{\partial w_i} = 0$$

$$\frac{\partial E}{\partial w_i} = \frac{G}{4} \iiint_V \frac{\partial N_i}{\partial y} \left(\sum_{i=1}^{8} \frac{\partial N_i}{\partial y} w_i + \sum_{i=1}^{8} \frac{\partial N_i}{\partial z} v_i \right) dV$$

$$\frac{\partial G}{\partial w_i} = \iiint_V Z N_i(x, y, z) dV \tag{4-50}$$

$$\frac{\partial H}{\partial w_i} = \iint_{S^e} T_z N_i dS \tag{4-51}$$

加和得到：

$$\frac{\partial A}{\partial w_i} + \frac{\partial B}{\partial w_i} + \frac{\partial C}{\partial w_i} + \frac{\partial D}{\partial w_i} + \frac{\partial E}{\partial w_i}$$

$$= \iiint_{V^e} \begin{bmatrix} K_{11} & K_{12} & K_{13} & K_{14} & K_{15} & K_{16} & \cdots & K_{1,22} & K_{1,23} & K_{1,24} \\ K_{21} & K_{22} & K_{23} & K_{24} & K_{25} & K_{26} & \cdots & K_{2,22} & K_{2,23} & K_{2,24} \\ K_{31} & K_{32} & K_{33} & K_{34} & K_{35} & K_{36} & \cdots & K_{3,22} & K_{3,23} & K_{3,24} \\ K_{41} & K_{42} & K_{43} & K_{44} & K_{45} & K_{46} & \cdots & K_{4,22} & K_{4,23} & K_{4,24} \\ \vdots & \vdots & \vdots & \vdots & \vdots & \vdots & \cdots & \vdots & \vdots & \vdots \\ \vdots & \vdots & \vdots & \vdots & \vdots & \vdots & \cdots & \vdots & \vdots & \vdots \\ \vdots & \vdots & \vdots & \vdots & \vdots & \vdots & \cdots & \vdots & \vdots & \vdots \\ K_{22,1} & K_{22,2} & K_{22,3} & K_{22,4} & K_{22,5} & K_{22,6} & \cdots & K_{22,22} & K_{22,23} & K_{22,24} \\ K_{23,1} & K_{23,2} & K_{23,3} & K_{23,4} & K_{23,5} & K_{23,6} & \cdots & K_{23,22} & K_{23,23} & K_{23,24} \\ K_{24,1} & K_{24,2} & K_{24,3} & K_{24,4} & K_{24,5} & K_{24,6} & \cdots & K_{24,22} & K_{24,23} & K_{24,24} \end{bmatrix} \begin{bmatrix} u_1 \\ v_1 \\ w_1 \\ u_2 \\ v_2 \\ w_2 \\ \vdots \\ u_8 \\ v_8 \\ w_8 \end{bmatrix} dV$$

$$(4-52)$$

此矩阵同矩阵4-40和矩阵4-46一样，是同一个矩阵，但是元素和位置同上述矩阵不同。元素具体表达式和位置为：

$$K_{ij} = \lambda \frac{\partial N_n}{\partial x} \frac{\partial N_m}{\partial z} + \frac{G}{4} \frac{\partial N_n}{\partial z} \frac{\partial N_m}{\partial x}$$

$i = 3 + 3(m-1)$, $m = 1, 2, \cdots, 8$; $j = 1 + 3(n-1)$, $n = 1, 2, \cdots, 8$

$$K_{il} = \lambda \frac{\partial N_n}{\partial z} \frac{\partial N_m}{\partial z} + \frac{G}{4} \frac{\partial N_n}{\partial z} \frac{\partial N_m}{\partial y}$$

$i = 3 + 3(m-1)$, $m = 1, 2, \cdots, 8$; $l = 2 + 3(n-1)$, $n = 1, 2, \cdots, 8$

$$K_{is} = \omega \frac{\partial N_n}{\partial z} \frac{\partial N_m}{\partial z} + \frac{G}{4} \left(\frac{\partial N_n}{\partial x} \frac{\partial N_m}{\partial x} + \frac{\partial N_n}{\partial y} \frac{\partial N_m}{\partial y} \right)$$

$i = 3 + 3(m-1)$, $m = 1, 2, \cdots, 8$; $s = 3 + 3(n-1)$, $n = 1, 2, \cdots, 8$

$$(4-53)$$

若令 $m=1$、$n=1, 2, \cdots, 8$，则元素填入矩阵第三行，元素具体表达式如下：

$$K_{31} = \lambda \frac{\partial N_1}{\partial x}\frac{\partial N_1}{\partial z} + \frac{G}{4}\frac{\partial N_1}{\partial z}\frac{\partial N_1}{\partial x}, \quad K_{34} = \lambda \frac{\partial N_2}{\partial x}\frac{\partial N_1}{\partial z} + \frac{G}{4}\frac{\partial N_2}{\partial z}\frac{\partial N_1}{\partial x}, \quad K_{37} = \lambda \frac{\partial N_3}{\partial x}\frac{\partial N_1}{\partial z} + \frac{G}{4}\frac{\partial N_3}{\partial z}\frac{\partial N_1}{\partial x}$$

$$K_{3,10} = \lambda \frac{\partial N_4}{\partial x}\frac{\partial N_1}{\partial z} + \frac{G}{4}\frac{\partial N_4}{\partial z}\frac{\partial N_1}{\partial x}, \quad K_{3,13} = \lambda \frac{\partial N_5}{\partial x}\frac{\partial N_1}{\partial z} + \frac{G}{4}\frac{\partial N_5}{\partial z}\frac{\partial N_1}{\partial x}$$

$$K_{3,16} = \lambda \frac{\partial N_6}{\partial x}\frac{\partial N_1}{\partial z} + \frac{G}{4}\frac{\partial N_6}{\partial z}\frac{\partial N_1}{\partial x}$$

$$K_{3,19} = \lambda \frac{\partial N_7}{\partial x}\frac{\partial N_1}{\partial z} + \frac{G}{4}\frac{\partial N_7}{\partial z}\frac{\partial N_1}{\partial x}, \quad K_{3,22} = \lambda \frac{\partial N_8}{\partial x}\frac{\partial N_1}{\partial z} + \frac{G}{4}\frac{\partial N_8}{\partial z}\frac{\partial N_1}{\partial x}$$

$$K_{32} = \lambda \frac{\partial N_1}{\partial z}\frac{\partial N_1}{\partial z} + \frac{G}{4}\frac{\partial N_1}{\partial z}\frac{\partial N_1}{\partial y}, \quad K_{35} = \lambda \frac{\partial N_2}{\partial z}\frac{\partial N_1}{\partial z} + \frac{G}{4}\frac{\partial N_2}{\partial z}\frac{\partial N_1}{\partial y}$$

$$K_{38} = \lambda \frac{\partial N_3}{\partial z}\frac{\partial N_1}{\partial z} + \frac{G}{4}\frac{\partial N_3}{\partial z}\frac{\partial N_1}{\partial y}$$

$$K_{3,11} = \lambda \frac{\partial N_4}{\partial z}\frac{\partial N_1}{\partial z} + \frac{G}{4}\frac{\partial N_4}{\partial z}\frac{\partial N_1}{\partial y}, \quad K_{3,14} = \lambda \frac{\partial N_5}{\partial z}\frac{\partial N_1}{\partial z} + \frac{G}{4}\frac{\partial N_5}{\partial z}\frac{\partial N_1}{\partial y}$$

$$K_{3,17} = \lambda \frac{\partial N_6}{\partial z}\frac{\partial N_1}{\partial z} + \frac{G}{4}\frac{\partial N_6}{\partial z}\frac{\partial N_1}{\partial y}$$

$$K_{3,20} = \lambda \frac{\partial N_7}{\partial z}\frac{\partial N_1}{\partial z} + \frac{G}{4}\frac{\partial N_7}{\partial z}\frac{\partial N_1}{\partial y}, \quad K_{3,23} = \lambda \frac{\partial N_8}{\partial z}\frac{\partial N_1}{\partial z} + \frac{G}{4}\frac{\partial N_8}{\partial z}\frac{\partial N_1}{\partial y}$$

$$K_{33} = \omega \frac{\partial N_1}{\partial z}\frac{\partial N_1}{\partial z} + \frac{G}{4}\left(\frac{\partial N_1}{\partial x}\frac{\partial N_1}{\partial x} + \frac{\partial N_1}{\partial y}\frac{\partial N_1}{\partial y}\right)$$

$$K_{36} = \omega \frac{\partial N_2}{\partial z}\frac{\partial N_1}{\partial z} + \frac{G}{4}\left(\frac{\partial N_2}{\partial x}\frac{\partial N_1}{\partial x} + \frac{\partial N_2}{\partial y}\frac{\partial N_1}{\partial y}\right)$$

$$K_{39} = \omega \frac{\partial N_3}{\partial z}\frac{\partial N_1}{\partial z} + \frac{G}{4}\left(\frac{\partial N_3}{\partial x}\frac{\partial N_1}{\partial x} + \frac{\partial N_3}{\partial y}\frac{\partial N_1}{\partial y}\right)$$

$$K_{3,12} = \omega \frac{\partial N_4}{\partial z}\frac{\partial N_1}{\partial z} + \frac{G}{4}\left(\frac{\partial N_4}{\partial x}\frac{\partial N_1}{\partial x} + \frac{\partial N_4}{\partial y}\frac{\partial N_1}{\partial y}\right)$$

$$K_{3,15} = \omega \frac{\partial N_5}{\partial z}\frac{\partial N_1}{\partial z} + \frac{G}{4}\left(\frac{\partial N_5}{\partial x}\frac{\partial N_1}{\partial x} + \frac{\partial N_5}{\partial y}\frac{\partial N_1}{\partial y}\right)$$

$$K_{3,18} = \omega \frac{\partial N_6}{\partial z}\frac{\partial N_1}{\partial z} + \frac{G}{4}\left(\frac{\partial N_6}{\partial x}\frac{\partial N_1}{\partial x} + \frac{\partial N_6}{\partial y}\frac{\partial N_1}{\partial y}\right)$$

$$K_{3,21} = \omega \frac{\partial N_7}{\partial z}\frac{\partial N_1}{\partial z} + \frac{G}{4}\left(\frac{\partial N_7}{\partial x}\frac{\partial N_1}{\partial x} + \frac{\partial N_7}{\partial y}\frac{\partial N_1}{\partial y}\right)$$

$$K_{3,24} = \omega \frac{\partial N_8}{\partial z}\frac{\partial N_1}{\partial z} + \frac{G}{4}\left(\frac{\partial N_8}{\partial x}\frac{\partial N_1}{\partial x} + \frac{\partial N_8}{\partial y}\frac{\partial N_1}{\partial y}\right)$$

同前面的处理类似，将式4-50、式4-51相加得到：

$$\frac{\partial G}{\partial w_i} + \frac{\partial H}{\partial w_i} = \iiint_{V^e} Z N_i \mathrm{d}V + \iint_{S^e} T_z N_i \mathrm{d}S \tag{4-54}$$

展开得到如下列阵：

$$\begin{bmatrix} \vdots \\ \iiint_{Ve} ZN_1 dV \\ \vdots \\ \iiint_{Ve} ZN_2 dV \\ \vdots \\ \iiint_{Ve} ZN_8 dV \\ \vdots \end{bmatrix} + \begin{bmatrix} \vdots \\ \iint_{Se} T_z N_1 dS \\ \vdots \\ \iint_{Se} T_z N_2 dS \\ \vdots \\ \iint_{Se} T_z N_8 dS \\ \vdots \end{bmatrix} \quad (4-55)$$

此矩阵与式 4-43、式 4-49 是一个矩阵，只是元素占据的位置不同，分别占据了矩阵的第 3、6、9、12、15、18、21、24 行。将式 4-43、式 4-49 和式 4-55 叠加，就得到关于单元的总的载荷列阵，如下：

$$\begin{bmatrix} \iiint_{Ve} XN_1 dV \\ \iiint_{Ve} YN_1 dV \\ \iiint_{Ve} ZN_1 dV \\ \iiint_{Ve} XN_2 dV \\ \iiint_{Ve} YN_2 dV \\ \iint_{Se} ZN_2 dS \\ \vdots \\ \iiint_{Ve} XN_8 dV \\ \iiint_{Ve} YN_8 dV \\ \iiint_{Ve} ZN_8 dV \end{bmatrix} + \begin{bmatrix} \iint_{Se} T_x N_1 dS \\ \iint_{Se} T_y N_1 dS \\ \iint_{Se} T_z N_1 dS \\ \iint_{Se} T_x N_2 dS \\ \iint_{Se} T_y N_2 dS \\ \iint_{Se} T_z N_2 dS \\ \vdots \\ \iint_{Se} T_x N_8 dS \\ \iint_{Se} T_y N_8 dS \\ \iint_{Se} T_z N_8 dS \end{bmatrix} \quad (4-56)$$

或写成：

$$\begin{bmatrix} \iiint_{Ve} XN_1 dV \\ \iiint_{Ve} YN_1 dV \\ \iiint_{Ve} ZN_1 dV \\ \iiint_{Ve} XN_2 dV \\ \iiint_{Ve} YN_2 dV \\ \iint_{Se} ZN_2 dS \\ \vdots \\ \iiint_{Ve} XN_8 dV \\ \iiint_{Ve} YN_8 dV \\ \iiint_{Ve} ZN_8 dV \end{bmatrix} + \begin{bmatrix} \iint_{Se} T_x N_1 dS \\ \iint_{Se} T_y N_1 dS \\ \iint_{Se} T_z N_1 dS \\ \iint_{Se} T_x N_2 dS \\ \iint_{Se} T_y N_2 dS \\ \iint_{Se} T_z N_2 dS \\ \vdots \\ \iint_{Se} T_x N_8 dS \\ \iint_{Se} T_y N_8 dS \\ \iint_{Se} T_z N_8 dS \end{bmatrix} = \begin{bmatrix} P_1 \\ Q_1 \\ R_1 \\ P_2 \\ Q_2 \\ R_2 \\ \vdots \\ P_8 \\ Q_8 \\ R_8 \end{bmatrix} + \begin{bmatrix} f_1 \\ t_1 \\ s_1 \\ f_2 \\ t_2 \\ s_2 \\ \vdots \\ f_8 \\ t_8 \\ s_8 \end{bmatrix} \quad (4-57)$$

叠加填充完毕的矩阵 4-40、矩阵 4-48 和矩阵 4-52，得到关于单元的总体刚度矩阵，然后再根据式 4-35～式 4-37 得到如下等式：

$$\iiint_{Ve} \begin{bmatrix} K_{11} & K_{12} & K_{13} & K_{14} & K_{15} & K_{16} & \cdots & K_{1,22} & K_{1,23} & K_{1,24} \\ K_{21} & K_{22} & K_{23} & K_{24} & K_{25} & K_{26} & \cdots & K_{2,22} & K_{2,23} & K_{2,24} \\ K_{31} & K_{32} & K_{33} & K_{34} & K_{35} & K_{36} & \cdots & K_{3,22} & K_{3,23} & K_{3,24} \\ K_{41} & K_{42} & K_{43} & K_{44} & K_{45} & K_{46} & \cdots & K_{4,22} & K_{4,23} & K_{4,24} \\ \vdots & \vdots & \vdots & \vdots & \vdots & \vdots & \cdots & \vdots & \vdots & \vdots \\ \vdots & \vdots & \vdots & \vdots & \vdots & \vdots & \cdots & \vdots & \vdots & \vdots \\ \vdots & \vdots & \vdots & \vdots & \vdots & \vdots & \cdots & \vdots & \vdots & \vdots \\ K_{22,1} & K_{22,2} & K_{22,3} & K_{22,4} & K_{22,5} & K_{22,6} & \cdots & K_{22,22} & K_{22,23} & K_{22,24} \\ K_{23,1} & K_{23,2} & K_{23,3} & K_{23,4} & K_{23,5} & K_{23,6} & \cdots & K_{23,22} & K_{23,23} & K_{23,24} \\ K_{24,1} & K_{24,2} & K_{24,3} & K_{24,4} & K_{24,5} & K_{24,6} & \cdots & K_{24,22} & K_{24,23} & K_{24,24} \end{bmatrix} dV \begin{bmatrix} u_1 \\ v_1 \\ w_1 \\ u_2 \\ v_2 \\ w_2 \\ \vdots \\ u_8 \\ v_8 \\ w_8 \end{bmatrix}$$

$$= \begin{bmatrix} P_1 \\ Q_1 \\ R_1 \\ P_2 \\ Q_2 \\ R_2 \\ \vdots \\ P_8 \\ Q_8 \\ R_8 \end{bmatrix} + \begin{bmatrix} f_1 \\ t_1 \\ s_1 \\ f_2 \\ t_2 \\ s_2 \\ \vdots \\ f_8 \\ t_8 \\ s_8 \end{bmatrix} \quad (4-58)$$

这就是弹性体变形后，一个单元的载荷与位移之间的关系。

值得一提的是，单元刚度矩阵的元素是关于坐标 (x, y, z) 的函数，即 $\iiint\limits_{Ve} K_{ij} \mathrm{d}V = \iiint\limits_{Ve} K_{ij}(x, y, z) \mathrm{d}x\mathrm{d}y\mathrm{d}z$。这是因为我们选择的形函数是直角坐标系下的，如式 4-28 中的 $N_i(x, y, z)$。实际上，为了适应复杂边界，一般都使用六面体等参单元（见 2.3.2 节）。因此形函数应为 $N_i(\xi, \eta, \zeta)$（具体表达式见式 2-26），是关于 ξ, η, ζ 的函数。这样矩阵元素应为 $\iiint\limits_{Ve} K_{ij} \mathrm{d}V = \iiint\limits_{Ve} K_{ij}(\xi, \eta, \zeta) \mathrm{d}x\mathrm{d}y\mathrm{d}z$，这就涉及等参单元和六面体单元之间的变换问题，即 $\mathrm{d}x\mathrm{d}y\mathrm{d}z = |J|\mathrm{d}\xi\mathrm{d}\eta\mathrm{d}\zeta$，其中 $|J|$ 为 Jacobi 矩阵 J 的行列式。Jacobi 矩阵 J 的性质同 3.1.9 节中的矩阵 3-46 一样，只不过在这里是三维：

$$J = \begin{bmatrix} \dfrac{\partial x}{\partial \xi} & \dfrac{\partial y}{\partial \xi} \\ \dfrac{\partial x}{\partial \eta} & \dfrac{\partial y}{\partial \eta} \end{bmatrix} \rightarrow J = \begin{bmatrix} \dfrac{\partial x}{\partial \xi} & \dfrac{\partial y}{\partial \xi} & \dfrac{\partial z}{\partial \xi} \\ \dfrac{\partial x}{\partial \eta} & \dfrac{\partial y}{\partial \eta} & \dfrac{\partial z}{\partial \eta} \\ \dfrac{\partial x}{\partial \zeta} & \dfrac{\partial y}{\partial \zeta} & \dfrac{\partial z}{\partial \zeta} \end{bmatrix}$$

这样单元元素就变为：

$$\iiint\limits_{Ve} K_{ij} \mathrm{d}V = \int_{-1}^{1}\int_{-1}^{1}\int_{-1}^{1} K_{ij}(\xi, \eta, \zeta)|J|\mathrm{d}\xi\mathrm{d}\eta\mathrm{d}\zeta = \int_{-1}^{1}\int_{-1}^{1}\int_{-1}^{1} f(\xi, \eta, \zeta)\mathrm{d}\xi\mathrm{d}\eta\mathrm{d}\zeta$$

类似于 3.1.9 节中的二维数值积分式 3-50，三维积分与此类似：

$$\iiint\limits_{Ve} K_{ij}(\xi, \eta, \zeta)|J|\mathrm{d}\xi\mathrm{d}\eta\mathrm{d}\zeta = \sum_{i=1}^{n}\sum_{j=1}^{n}\sum_{k=1}^{n} H_i H_j H_k f(\xi_i, \eta_j, \zeta_k) \quad (3-59)$$

其中，n 为积分点的数目，可参考表 3-1。

将变形体每个单元均进行如此处理，就会得到类似的等式，接下来将所有单元刚度矩阵进行叠加就得到总体刚度矩阵,这一过程大家可以参考第3章,这里不再赘述。接下来的施加边界条件等所有处理过程均和第3章的处理过程一样,也不再赘述,大家可类比分析。最后形成关于变形体的总体位移与载荷的大型方程组,通过计算机并借助一定的算法求解方程组,求出节点位移。求出位移后,就可以通过式4-29、式4-31等求出变形体的应力场和应变场。

参 考 文 献

[1] 王敏中,王炜,武际可. 弹性力学教程 [M]. 北京:科学出版社,2011.
[2] 沃国栋,王元淳. 弹性力学 [M]. 上海:上海交通大学出版社,1998.
[3] 吴家龙. 弹性力学 [M]. 北京:高等教育出版社,2001.

5 有限元法在实际工程中的应用

5.1 常用有限元软件介绍

5.1.1 ANSYS

ANSYS 软件是由世界上最大的软件公司之一的美国 ANSYS 公司开发的。该公司成立于 1970 年，总部位于美国宾夕法尼亚州的匹兹堡。ANSYS 软件是一款融合了结构、流体、电场、磁场、声场分析于一体的大型通用有限元分析软件[1]，它的创始人是美国匹兹堡大学力学系教授、著名的有限元权威 John Swanson 博士。如今该软件已广泛地应用于航空航天、汽车、生物医学、桥梁、建筑、电子产品、重型机械、机电系统等领域。该软件有各种不同的版本，能够运行在从个人机到大型机的多种计算机上，它能与多种 CAD 软件接口，实现数据的共享与交换，如 Pro/Engineering、Nastran、AutoCAD 等。

它在以下方面具有鲜明特色：

(1) 提供了世界一流的求解器技术；

(2) 提供了针对复杂仿真的多物理场耦合解决方案；

(3) 整合了 ANSYS 的网络技术并产生统一的网络环境；

(4) 通过对先进的软、硬件平台的支持来实现对大规模问题的高效求解；

(5) 提供最好的 CAE 集成环境——ANSYS WORKBENCH；

(6) 融合先进的流体动力学技术；

(7) 提供功能强大的显式动力学分析模块——ANSYS/LS-DYNA；

(8) 加速多步求解：ANSYS VT 加速器，基于 ANSYS 变分技术，通过减少迭代总部步数以加速多分步分析；

(9) 网格变形和优化。

ANSYS 软件主要包括三个部分：前处理模块、分析计算模块和后处理模块。前处理模块主要包括实体建模和网格划分两部分。分析计算模块包括结构分析（包括线性、非线性和高度非线性）、流体动力学分析、电磁场分析、声场分析、压电分析及多物理场的耦合分析。后处理模块可以将结果以彩色等值线显示、梯度显示、矢量显示、粒子轨迹显示、立体切片显示等，也可将计算结果以图表、曲线等形式显示和输出。

5.1.2 Nastran 和 Patran

这两款软件都是 MSC 公司的产品,该公司全称为 MSC-Software Corporation,创建于 1963 年,总部设在美国的洛杉矶。Nastran 是美国航空航天局(NASA)为适应各种工程分析问题而开发的多用途有限元分析程序[2,3],这个系统称作 NASA Structural Analysis System,简称 Nastran。该软件具有很高的可靠性、品质优秀,众多大公司和工业行业都用 Nastran 的计算结果作为标准代替其他质量规范。Nastran 具有开放式的结构、全模块化的组织结构,这使其不但拥有很强的分析功能同时具有很好的灵活性,使用者可针对自己的工程问题和系统需求通过模块选择、组合获取最佳的应用系统。Nastran 有近 70 余种独特的单元库,所有单元可满足各种分析功能的需要,且保证求解的高精度和高可靠性。模型建好后,Nastran 即可进行分析,如动力学、非线性分析、灵敏度分析、热分析等。

Patran 是一个集成的并行框架式有限元前后处理及分析仿真系统,最早由 NASA 倡导开发,是工业领域最著名的并行框架式有限元前后处理及分析系统,其开放式、多功能的体系结构可将工程设计、工程分析、结果评估、用户优化设计和交互图形界面集于一身,构成一个完整的 CAE 集成环境。使用 Patran 可以帮助用户实现从设计到制造全过程的产品性能仿真。系统采用符合 OSF(Motif)标准全新的图形用户界面,界面友好,有丰富的电子表格工具、多功能屏幕拾取功能,以及各种弹出和下拉菜单。Patran 自诞生之日起,就作为世界一流的有限元分析前后处理器,进行各种复杂模型的实体建模,配合满足不同需求的可选应用模块完成各种工程分析。

5.1.3 ALGOR

ALGOR 前身是世界著名的大型通用有限元软件[4],前身是有限元分析程序 SAP5。20 世纪 90 代开始,美国 ALGOR 公司在 Super SAP5 的基础上,开发具有 Windows 风格的操作界面和强大的多物理场耦合分析功能。

ALGOR 被广泛应用于各行各业的产品设计开发当中,可以模拟各种各样的现象,如结构静力、动力、流体、热传导、电磁场、管道工工艺流程设计等,能够帮助设计分析学人员预测和检验在真实情况下的各种状态,快速、低成本地完成项目设计。ALGOR 以其分析功能齐全、使用操作简便和对硬件要求低而在从事设计、分析的科学工作者中享有盛誉。

5.2 ANSYS 在结构分析中的应用

本书内容偏重于理论,是引导读者了解有限元基础理论的入门书籍,而工程应用则是另一个层次,不是本书的重点,因此,本章只举几个简单的例子,使大家对如何使用 ANSYS 软件有个初步了解，起到抛砖引玉的作用，更多复杂的例子，大家可以查找相关书籍。

结构分析是有限元分析的重点领域，本节以连杆受力分析为例，讲解有限元解题的基本步骤。

图 5-1 为一连杆零件图，在连杆小孔内表面存在面载荷，范围为 -45°~45°，大小为 8.3MPa。材料弹性模量为 207GPa，泊松比为 0.3，厚度为 0.5in（1in=25.4mm）。其他尺寸（单位为 in）如图 5-1 所示。

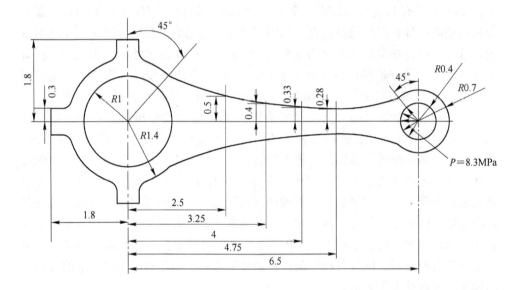

图 5-1　连杆几何尺寸

有限元求解过程主要分为前处理、计算和后处理。前处理主要包括定义材料性能参数、选择单元、划分网格、施加边界条件等，后处理则是如何将计算结果直观生动地显示出来。下面就把这一过程向大家详细介绍。

5.2.1　定义单元类型和材料属性

首先打开如图 5-2 所示的 ANSYS 启动界面，在界面中可以设定工作目录、定义文件名等，这些工作完毕后，点击下面的"Run"按钮，进入 ANSYS 主界面，如图 5-3 所示。

为了分析的便利，可以将界面中和结构分析无关的内容过滤出去，使界面简洁。具体操作就是鼠标点击图 5-3 左侧列表中高亮显示的"Preference"，此时会弹出一个对话框，如图 5-4 所示，选择"Structural"复选框后，点击"OK"按钮，就完成了过滤并回到主界面。

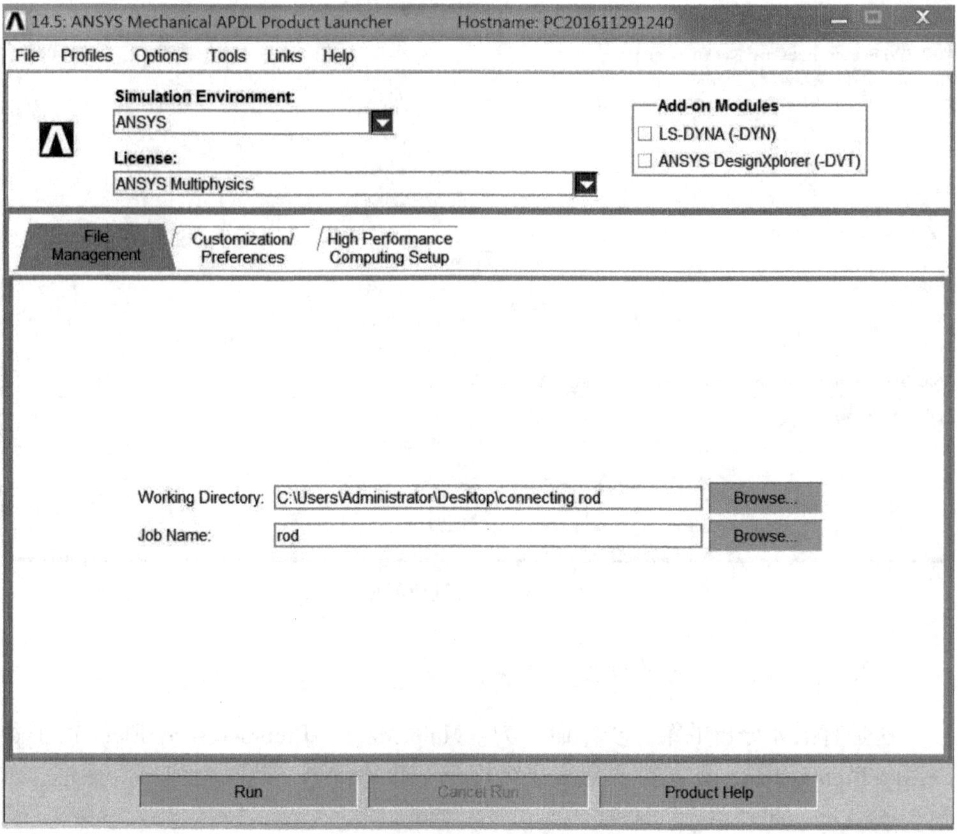

图 5-2　程序启动设定界面

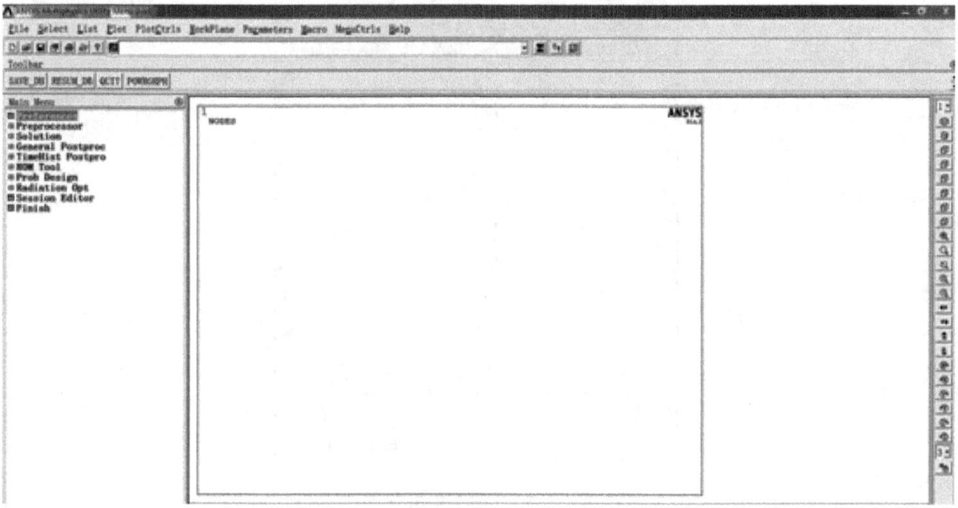

图 5-3　ANSYS 主界面

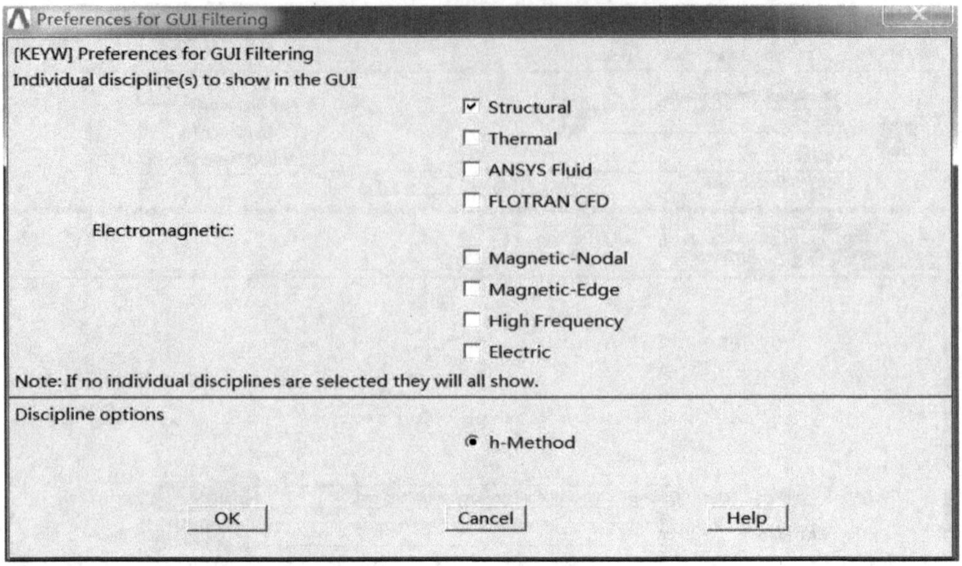

图 5-4 模块过滤界面

5.2.1.1 选择单元并设置单元类型

这是有限元分析的第一步。命令为：Main Menu→Preprocessor→Element Type →Add/Edit/Delete，即在左侧列表逐级打开上面的命令，此时会弹出对话框，如图 5-5 所示，此时单元列表为空。

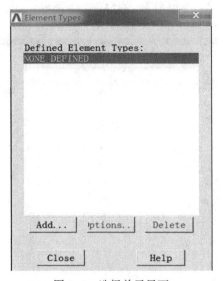

图 5-5 选择单元界面

点击"Add"按钮,会弹出图5-6所示的单元选择界面。由于我们事先进行了过滤,因此界面中的单元列表里全是和结构分析有关的单元,选择起来很方便。选择"Not Solved""Mesh Facet 200"单元。这种单元不能进行计算,但可以用作划分网格,或辅助划分网格。选择完后,点击"Apply"按钮,此时界面不消失,可以继续选择单元,再选择"Solid"类型的"20node186"单元,如图5-7所示,点击"OK"按钮,此时界面消失,在图5-8中会发现刚才选择的单元出现在界面内。

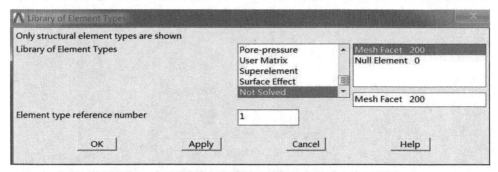

图5-6 单元选择

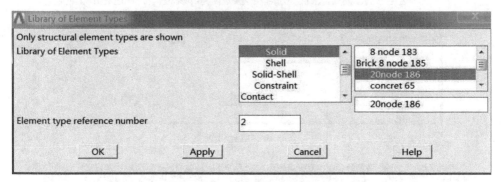

图5-7 确定被选单元

接下来,在图5-8中选择Type2单元,点按"Options"按钮,会出现图5-9所示的单元设置对话框。将Mesh Facet 200单元设置为"QUAD 8-NODE"类型。具体操作就是在界面的K1下拉列表框中选择QUAD 8-NODE选项,然后点击"OK"按钮,设置完毕。至此单元类型设置完毕,开始设置材料属性,也就是弹性模量和泊松比。

5.2.1.2 设置材料属性

弹性材料的材料参数主要有弹性模量和泊松比,需要提前设置,具体命令为:Main Menu→Preprocessor→Materials Props→Material Models,弹出图5-10所示的界面。按照Structural→Linear→Elastic→Isotropic的顺序在图5-10所示界面中逐级点击,出现图5-11所示界面,在EX和PRXY处输入材料的弹性模量和泊松比,

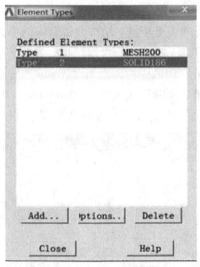

图 5-8　单元选择完毕

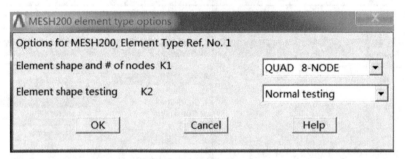

图 5-9　单元设置

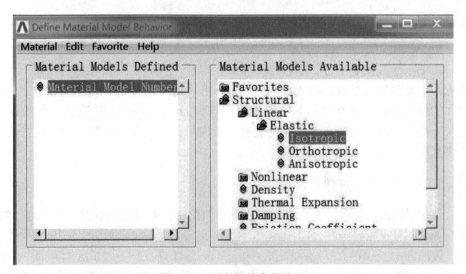

图 5-10　材料性能参数设置

然后按"OK"按钮结束。

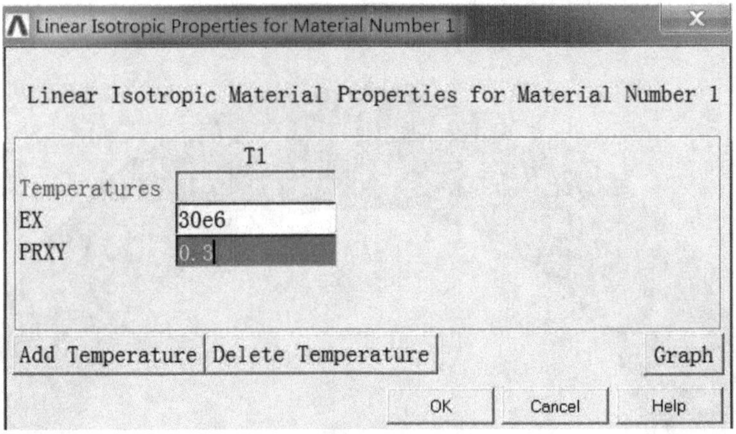

图 5-11 设置弹性模量和泊松比

5.2.2 建立几何模型

5.2.2.1 生成连杆两端的几何体

为此首先创建两个圆环面。命令为：Main Menu→Preprocessor→Modeling→Create→Areas→Citrcle→By Dimensions，此时会出现对话框，如图 5-12 所示。在界面的编辑框内输入圆环的几何参数，如内外半径、起始角度等，然后按"Apply"按钮，一个圆环创建完毕。接下来继续输入第二圆环的参数，此时只需在 THETA1 处输入 135，其他不变，然后按"OK"按钮，两个圆环创建完毕，如图 5-13 所示。

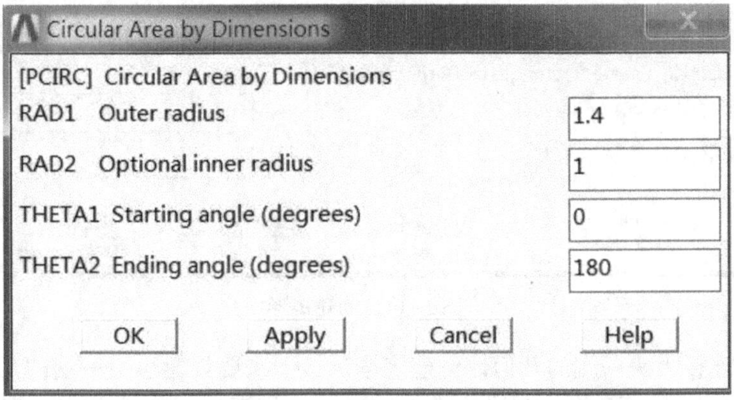

图 5-12 半圆环尺寸输入

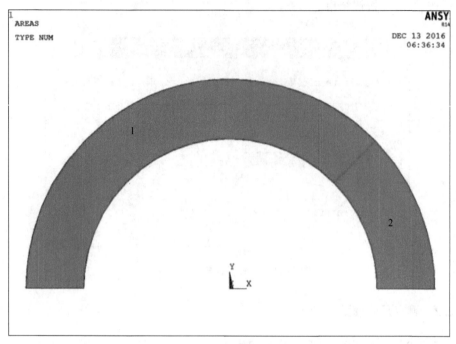

图 5-13　创建半圆环

接下来创建两个矩形面。命令为：Main Menu→Preprocessor→Modeling→Create→Areas→Rectangle→By Dimensions，此时会弹出对话框，如图 5-14 所示，按照要求输入两个矩形尺寸参数，分别为：X1 = -1.8、X2 = -1.2、Y1 = 0、Y2 = -0.3，点击"Apply"，生成第一个矩形，然后再输入 X1 = -0.3、X2 = 0.3、Y1 = 1.2、Y2 = 1.8，最后点击"OK"按钮，两个矩形创建完毕，如图 5-15 所示。

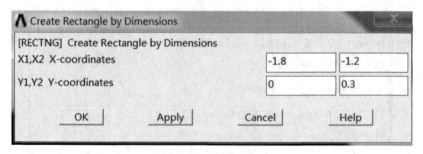

图 5-14　创建矩形

至此连杆大头一端的几何体创建完毕。接下来要创建小头一端的几何体。为此需要将工作平面平移，也就是说工作平面坐标系原点应平移到小端处圆心位置，命令为：Utility Menu→Workpalne→Offset WP to→XYZ Location，此时会弹出

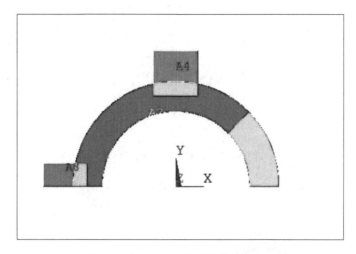

图 5-15 总体结果

一个对话框，如图 5-16 所示，输入平移距离 6.5（也就是大圆圆心和小圆圆心的距离），点击"OK"按钮，完成平移。

接下来，将工作平面坐标系（已平移）激活，命令为：Utility Menu→Workpalne→Change Active CS to→Working palne，在激活的坐标系下，创建连杆小端几何体。和前面创建大端圆环过程类似，按下列命令创建两个圆环：Main Menu→Preprocessor→Modeling→Create→Areas→Citrcle→By Dimensions，在弹出的界面（参照图 5-12）内输入圆环几何尺寸，然后点击"Apply"按钮，再输入另一圆环尺寸，点击"OK"按钮，完成创建，结果如图 5-17 所示。

以上工作完毕后，还要进行几何体的搭接操作，即对连杆大头一端的两个圆环面和两个矩形执行面搭接操作，命令为：Main Menu→Preprocessor→Modeling→Operate→Booleans→Overlap→Areas，此时会弹出对话框（图 5-16）要求选择这四个面，用鼠标点选这四个面，然后按"OK"按钮，完成搭接操作；对连杆小端的几何体执行类似的操作，最后总的结果如图 5-18 所示。

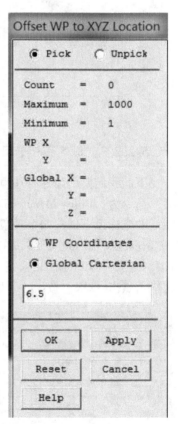

图 5-16 工作平面的平移

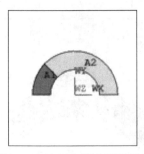

图 5-17　连杆小端半圆环创建

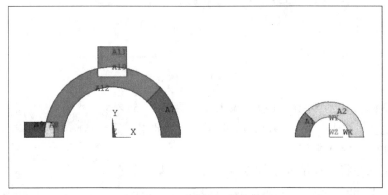

图 5-18　完成搭接操作的总图

5.2.2.2　创建连杆中间部分几何体

下面我们要创建连杆中间部分的几何体。为此先要把总体笛卡尔坐标系激活，命令为：Utility Menu→Workpalne→Change Active CS to→Global Cartesian。在激活的坐标系下创建四个关键点，命令为 Menu→Preprocessor→Modeling→Create→Keypoints→In Active CS，在弹出的对话框内，分别输入四个关键点的编号、坐标，如图 5-19 所示。每输完一个点，点击"Apply"按钮，直到四个点数据输入完毕后点击"OK"按钮，开始创建关键点，如图 5-20 所示。

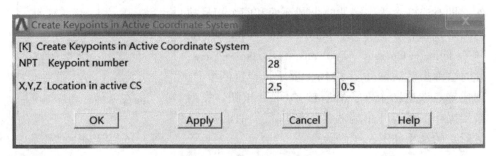

图 5-19　输入关键点坐标

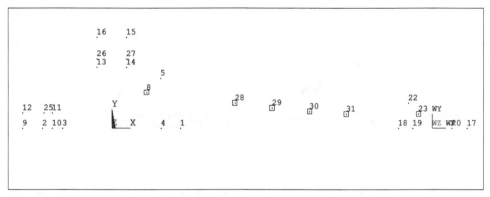

图 5-20 创建关键点

下面利用关键点建立样条曲线，方法是执行 Menu→Preprocessor→Modeling→Create→Lines→Splines→With Options→Spline Thru KPs 命令，然后用鼠标选择刚才创建的四个关键点 28、29、30、31，以及已经存在的两个关键点 5 和 22，然后点击"OK"按钮，结果生成样条曲线，如图 5-21 中的 L6 所示。

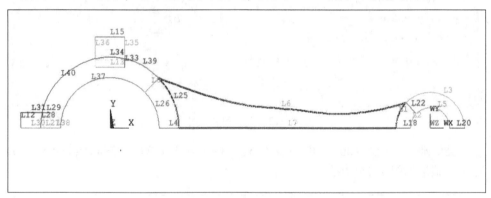

图 5-21 通过关键点生成样条曲线

接下来再利用另外两个关键点（图 5-20 中的关键点 1、18）生成一条直线，命令为 Menu→Preprocessor→Modeling→Create→Lines→Striaght Line。生成的直线如图 5-21 中的 L7 所示。

下面选择图 5-21 中突出显示的四条线，利用它们将它们所包围的区域生成一个平面，具体命令为：Menu→Preprocessor→Modeling→Create→Areas→Arbitray→Striaght Line，结果如图 5-22 所示。

5.2.2.3 对连杆的某些部位倒圆角

命令为 Menu→Preprocessor→Modeling→Create→Lines→Line Fillet，然后选择图 5-22 中的 L31、L40，点按"OK"按钮，会出现对话框，在话框中输入圆角

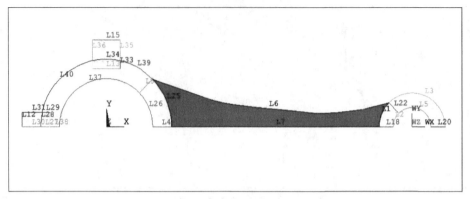

图 5-22 通过样条曲线创建曲边平面

半径 0.25，如图 5-23 所示。

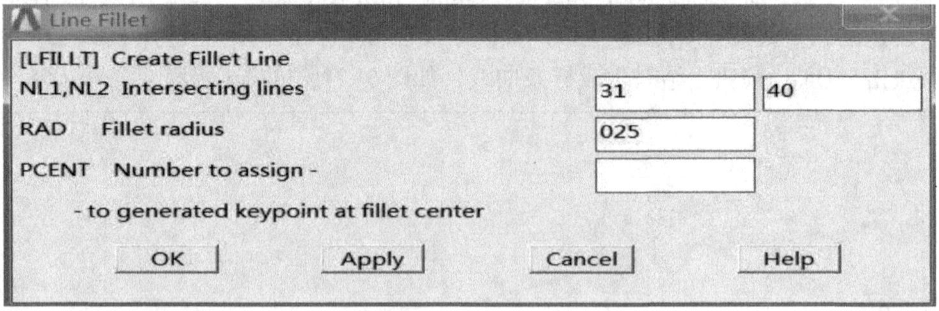

图 5-23 输入倒角尺寸

类似地，再选择 L36、L40 以及 L35、L39（见图 5-24），按同样的步骤生成圆角，结果如图 5-25 所示。

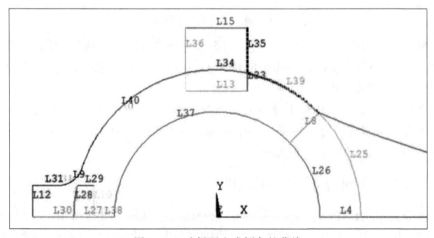

图 5-24 选择要生成倒角的曲线

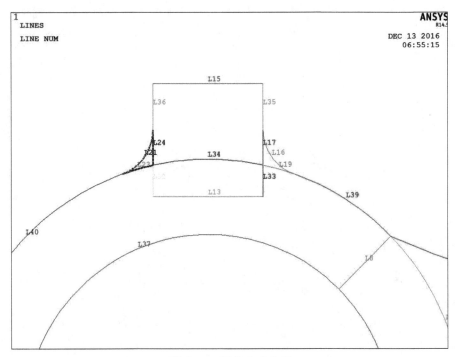

图 5-25 倒角生成完毕

5.2.2.4 面的整合

倒圆角会生成新的线，这些线与原来几何体的轮廓线围成新的面，生成步骤同前述，结果如图 5-26 所示。

最后把这些分散的面通过布尔加操作整合成一个面，命令为：Menu→Preprocessor→Modeling→Operate→Booleans→Add→Areas，在弹出的对话框中点击"Select All"，所有面结合成一个面，如图 5-27 所示。至此几何模型创建完成。

5.2.3 划分网格

接下来对几何体进行网格划分。网格生成的策略是，首先对图 5-28 采用 Mesh Facet 200 单元进行二维网格划分，然后拖动二维网格，使之沿面法向移动，扫略生成三维网格。

5.2.3.1 二维网格划分

首先设置二维网格单元尺寸，命令为：Menu→Preprocessor→Meshing→MeshTool，此时会弹出网格划分工具 MeshTool，如图 5-28 所示。

在界面的"Size Controls"一栏，点击"Global"旁的"Set"按钮，在弹出

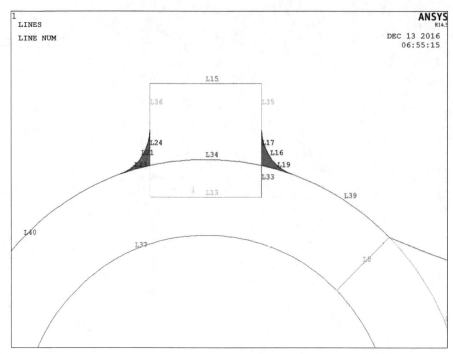

图 5-26 生成新面

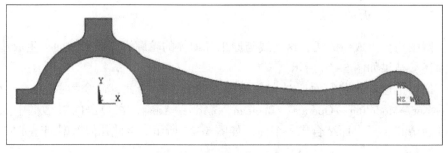

图 5-27 连杆总体平面图

的单元尺寸设置对话框中,如图 5-29 所示。在 "SIZE Element edge length" 一栏输入单元尺寸 0.1。然后点击 "OK" 完成设置。

此时又回到 MeshTool 界面,点击界面下方的 "Mesh" 按钮,开始二维网格划分,结果如图 5-30 所示。

5.2.3.2 三维网格生成

在生成三维网格前,需要设置三维单元类型,还是在图 5-28 所示的 MeshTool 界面,在上部第一个 "Set" 处点击,会弹出单元类型设置对话框,如

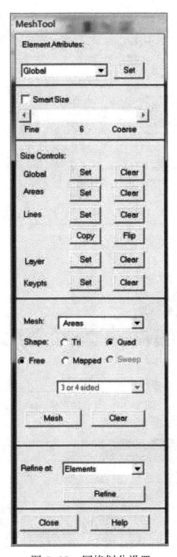

图 5-28 网格划分设置

图 5-31 所示。在 [TYPE] Element type number 处选择 SOLID186 单元,然后点击"OK"结束设置。

选择完单元类型后,还要输入法向单元数目,命令为:Main Menu→Preprocessor→Modeling→Operate→Extrude→Elem Ext Opts。在弹出的图 5-32 所示的界面中,在 VAL1 No. Elem divs 一栏输入 3,即法向单元数目为 3 个。

然后点击"OK"再回到主界面。这时可以执行扫略命令了:Menu→Preprocessor→Modeling→Operate→Extrude→Areas→Along Normal。在弹出的对话框(图 5-33)中,在 DIST Length of extrusion 处输入 0.5,表示法向扫略长度为 0.5,然

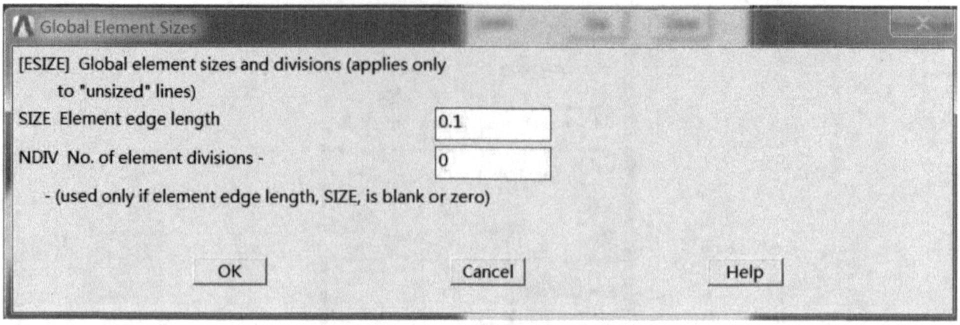

图 5-29 总体单元尺寸设置

图 5-30 生成的平面网格

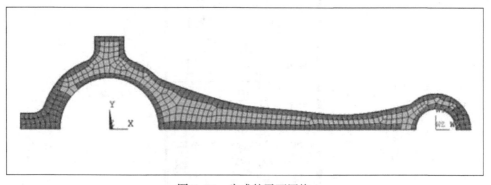

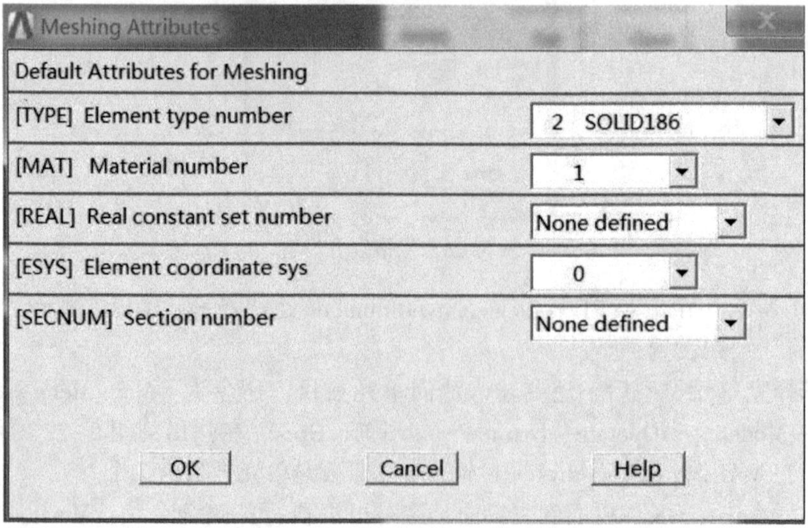

图 5-31 三维网格单元选择

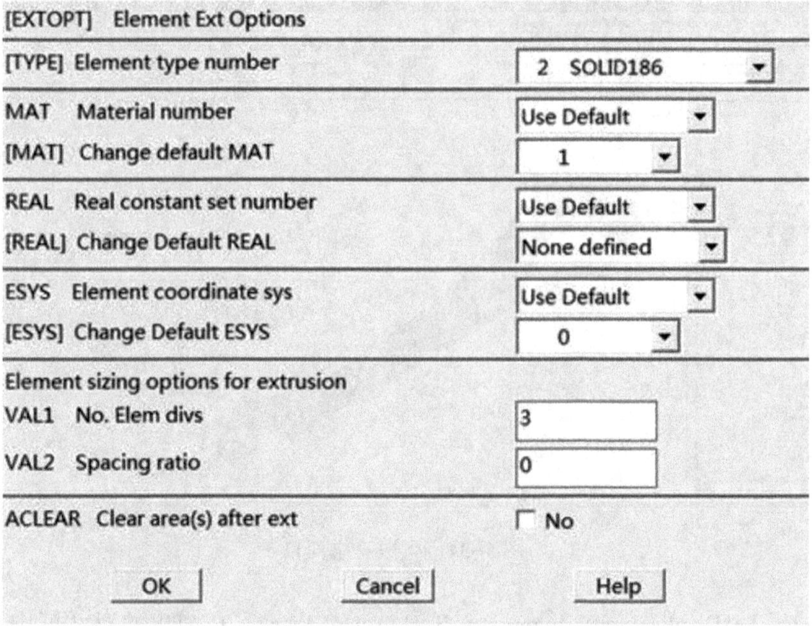

图 5-32　扫略生成三维网格设置

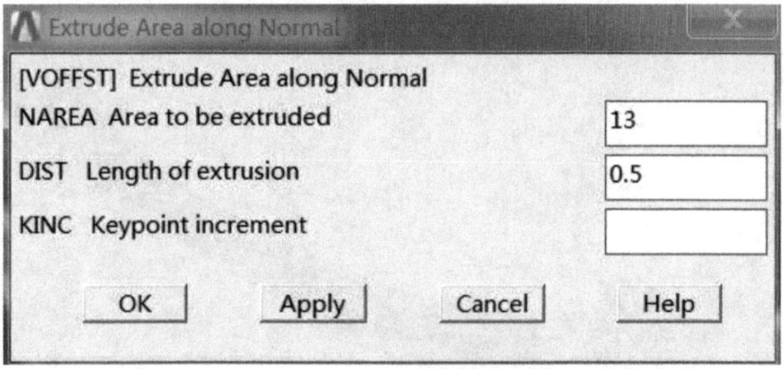

图 5-33　扫略厚度设定

后点击"OK"按钮，程序开始执行单元扫略工作，最后的结果如图 5-34 所示。

5.2.4　有限元计算过程

5.2.4.1　施加边界条件

连杆在工作时受到一定的位移或力的约束，这些应作为边界条件施加到模型中。

（1）大孔内表面的对称约束：命令为 Main Menu→Solutions→Define→Loads

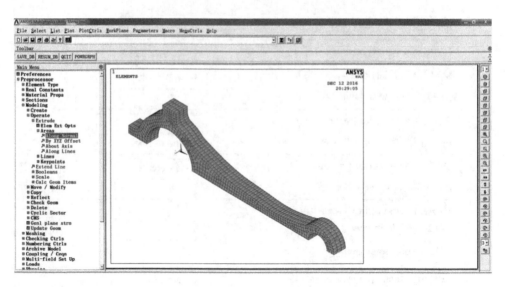

图 5-34 生成三维网格

→Structrual→Displacment→Symmetry B. C. →On Areas，在弹出的对话框中选择大孔内表面，如图 5-35 所示，然后点击"OK"按钮，施加完毕。

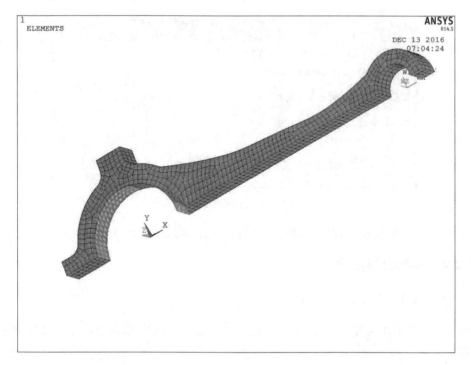

图 5-35 选择大孔内表面

（2）在 Y=0 面上施加对称约束：方法同上，只是选择 Y=0 的面，如图 5-36 所示。

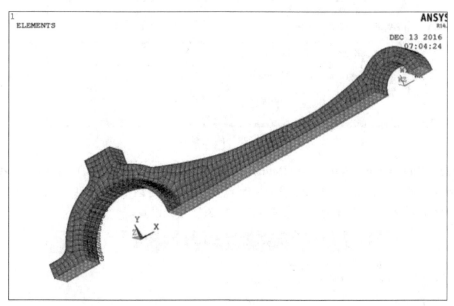

图 5-36　选择对称面

（3）小孔内表面载荷：小孔内表面受到面载荷作用，这一力的边界条件的施加方法为：Main Menu→Solutions→Define→Loads→Structrual→Pressure→On Areas。弹出对话框后，选择小孔内表面，如图 5-37 所示，点击"OK"后会弹出界面，要求输入单位面积上的载荷 1000，如图 5-38 所示。

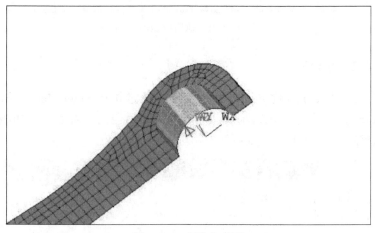

图 5-37　小孔内表面

（4）连杆 Z 向位移约束：连杆在工作时沿 Z 向无位移，施加这一条件的命

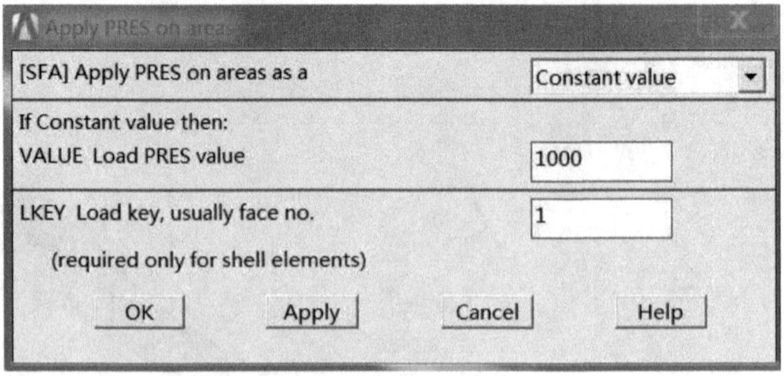

图 5-38 施加载荷

令为：Main Menu→Solutions→Define Loads→Apply→Structrual→Dispacement→On Nodes。弹出对话框后，鼠标点选某个节点，再弹出对话框图 5-39，在界面中选择 UZ 表示 Z 向位移被约束，然后点击"OK"完成设置。

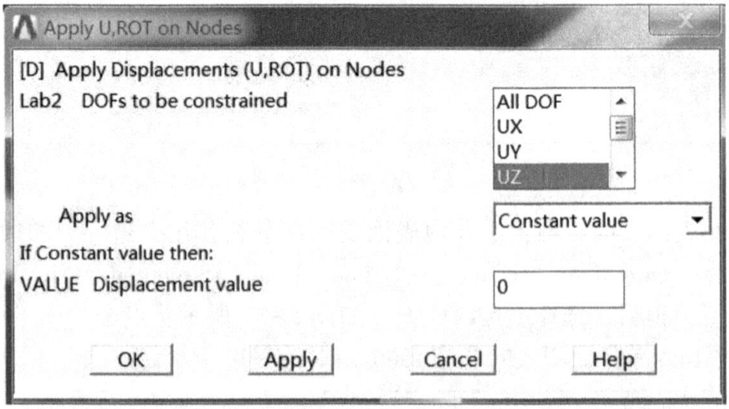

图 5-39 施加位移约束

5.2.4.2 求解

施加完边界条件后就可以求解计算了，通过执行 Main Menu→Solutions→Solve→Current LS 命令，执行求解，当求解完毕后会出现对话框，如图 5-40 所示，表示求解成功。点击"Close"关闭对话框。

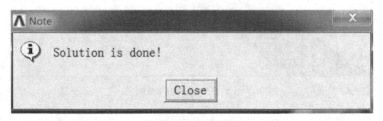

图 5-40 求解完毕

5.2.5 计算结果显示

5.2.5.1 显示变形形状

执行 Main Menu→General Postproc→Plot Results→Deformed Shape 命令，弹出图 5-41 所示对话框，选择 Def+undeformed 选项，然后点击"OK"，连杆变形如图 5-42 所示。

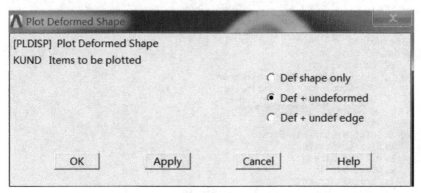

图 5-41　计算结果显示选项

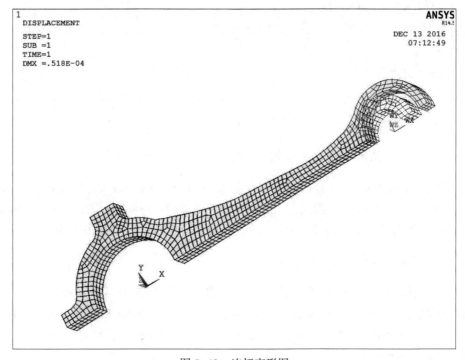

图 5-42　连杆变形图

5.2.5.2 显示节点位移云图

执行 Main Menu→General Postproc→Plot Results→Contour plot→ Nodal Solu 命令，弹出图 5-43 所示对话框，在对话框中按照 Nodal Solution→DOF solution→Displacment vetor sum 的顺序逐级选取，最后点击"OK"按钮，位移云图显示如图 5-44 所示。

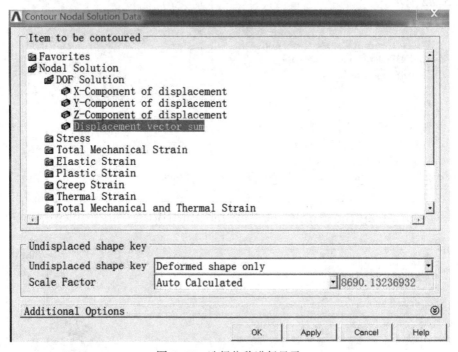

图 5-43 选择位移进行显示

5.2.5.3 显示等效应力云图

执行 Main Menu→General Postproc→Plot Results→Contour plot→ Nodal Solu 命令，弹出图 5-45 所示对话框，在对话框中按照 Nodal Solution→Stress→Von Mises 的顺序逐级选取，最后点击"OK"按钮，等效应力云图显示如图 5-46 所示。

5.2.5.4 将结果补全

我们选择的几何体是连杆的一半，可以将另一半结果补全，命令为 Utility Menu→PlotCtrs→Style→Symmetry Expansion→Periodic/Cyclic Symmetry Expansion，此时会弹出对话框，如图 5-47 所示，选择 Refect about XZ，点击"OK"按钮，结果如图 5-48 所示。

5.2 ANSYS 在结构分析中的应用

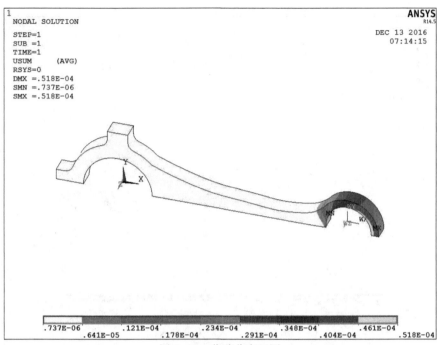

图 5-44 位移分布云图

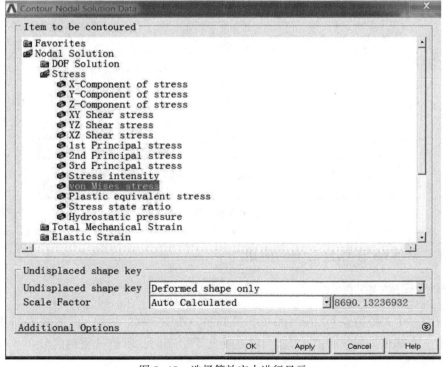

图 5-45 选择等效应力进行显示

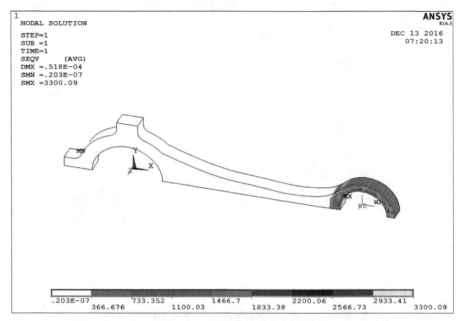

图 5-46 等效应力分布云图

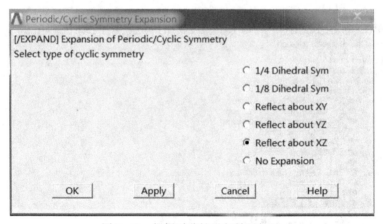

图 5-47 根据对称性进行结果扩展

5.3 ANSYS 在热分析中的应用

5.3.1 问题的描述

有一个二维铸铁板,长 100cm,高 6cm,如图 5-49 所示,上部边界加热到 50℃,下部边界加热到 100℃,当温度场处于稳态时,求铸铁板温度分布。导热系数为 2W/(m·K)。

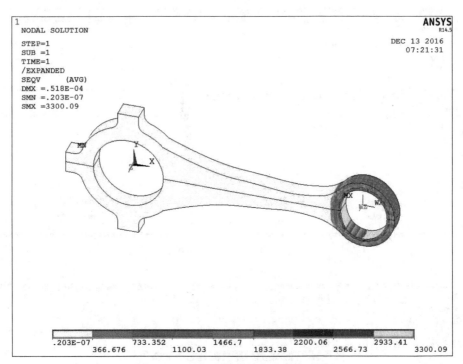

图 5-48　连杆整体等效应力分布云图

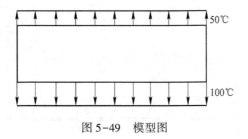

图 5-49　模型图

5.3.2　求解过程

启动 ANSYS，就会出现如图 5-50 所示界面。在这一界面里，可以进行很多初始化设置，比如选择要计算的模块、工作目录、输入文件名、设置缓存大小等。

在 Working Directory 选择事先建好的工作目录："E \ thmeral analysis"，然后点击 "Run" 按钮，就进入 ANSYS 主界面，如图 5-51 所示。

在这里能够完成从建模、计算到后处理的全部过程。点击界面中高亮处的 "Preferences"，出现一个过滤界面，并根据问题的性质选择相关的模块，在这里

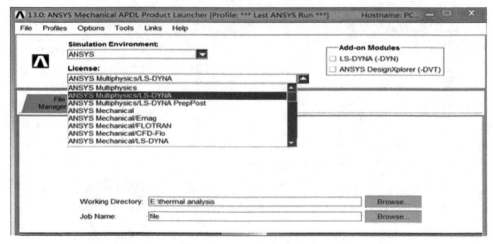

图 5-50 ANSYS 启动界面

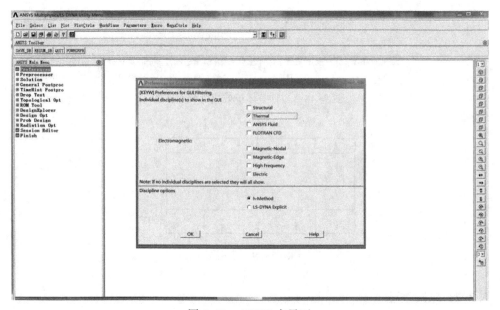

图 5-51 ANSYS 主界面

选择热分析,因此勾选"Thermal"这一项,然后按"OK"回到原来界面。

此时界面发生了改变,只把与热分析有关的内容保留下来,其他内容则过滤出去。接下来选择单元。根据问题的性质、特点、维数,选择合适的单元,并对单元的性质进行设置,命令为 Preprocessor→Element Type→Add/Edit/Delete,此时弹出图 5-52 所示界面,在这里选择 Plane77 单元。

单元选择完毕后定义材料属性,在热分析里主要是定义导热系数,其命令

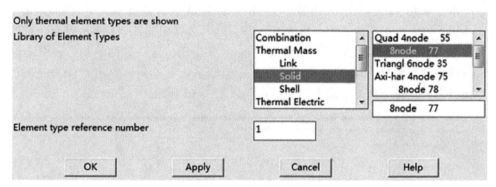

图 5-52 单元的选择

为：Preprocessor→Materials Props→Material Models→Thermal→Conductivity→Isotropic，然后在弹出的界面内输入导热系数，如图 5-53 所示。

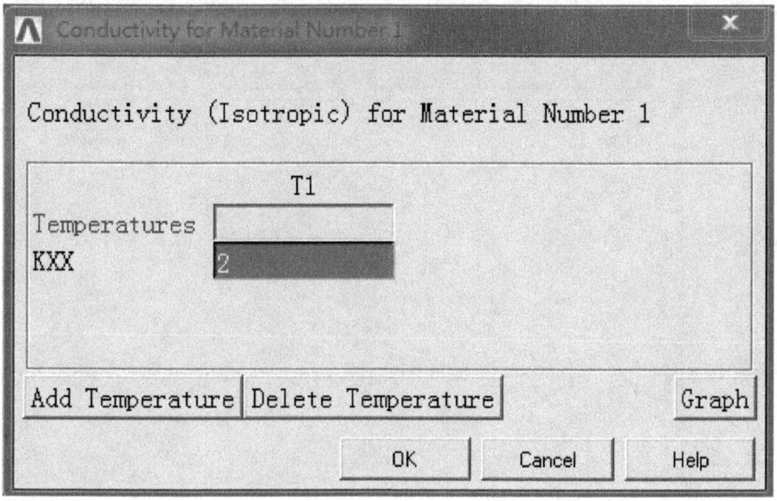

图 5-53 输入导热系数

这些基本设置完毕后，就进入建立几何模型环节。ANSYS 有强大的几何建模能力，为方便几何模型的创建、编辑和修改，ANSYS 将图元由低级到高级进行了定义，由低到高依次为点、线、面、体。低级图元依附于高级图元，在修改和删除低级图元时，必须先修改和删除它所依附的高级图元。由于这种依附关系，决定了两种建模方式：自底向上和自顶向下。自底向上建模时，首先创建点，由点生成线，再由线生成面、体；自顶向下过程正相反，先创建体，生成体后，自然就形成了面、线、点等低级图元。由于高级图元形状比较简单，因此复杂的模型通常由这些简单图元进一步经过布尔运算得到。

本书采取第一种方法建模,首先生成关键点,命令为:Preprocessor→Modeling→Create→Keypoints→In Active CS,此时会弹出图 5-54 所示界面,在界面中输入点的编号以及坐标,然后按"Apply"按钮,这一界面不消失,继续输入后续关键点编号和坐标,一直把所有点坐标输入完毕后,点击"OK"按钮,界面消失,此时屏幕上生成上述关键点,如图 5-55 所示。

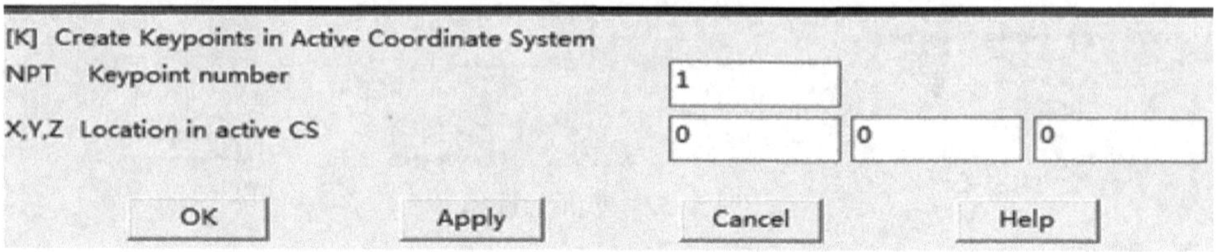

图 5-54 输入关键点的编号和坐标

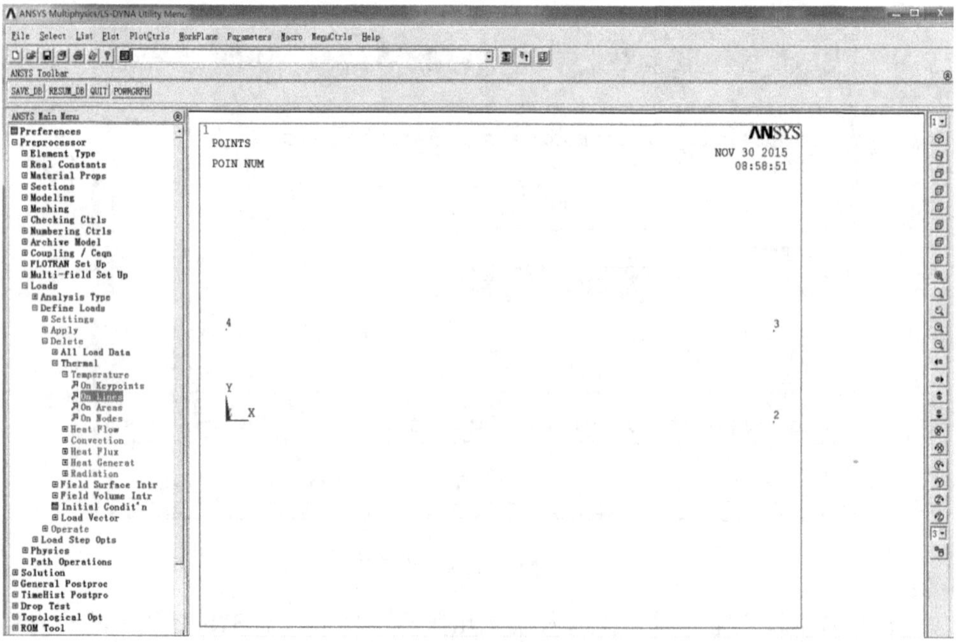

图 5-55 生成关键点

接下来利用关键点生成线段,命令为:Modeling→Create→Lines→Straight Line,然后在屏幕上点击选择关键点,两个点确定一条线段,最后生成四条线段,如图 5-56 所示。

接下来再由直线段生成面,命令为:Modeling→Create→Area→Arbitrary→By Lines,然后点击选择这四条线段,结果生成图 5-57 所示平面,至此几何造型完毕。

5.3 ANSYS 在热分析中的应用

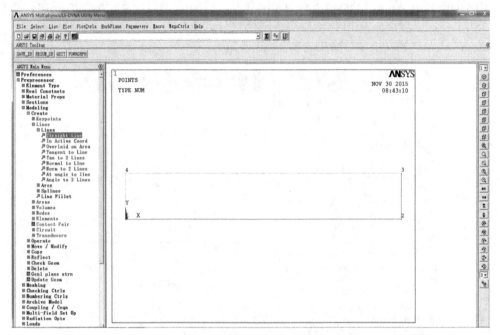

图 5-56 生成直线段

图 5-57 生成平面

接下来进行网格化分，划分前先设定单元尺寸，命令如下：Preprocessor→

Meshing→Size Cntrls→Smart Size→Adv Opts，然后会弹出图 5-58 所示界面，在"SIZE"这一项填入 0.01，然后实施网格划分，命令为：Preprocessor→Meshing→Mesh→Area→Free，划分结果如图 5-59 所示。

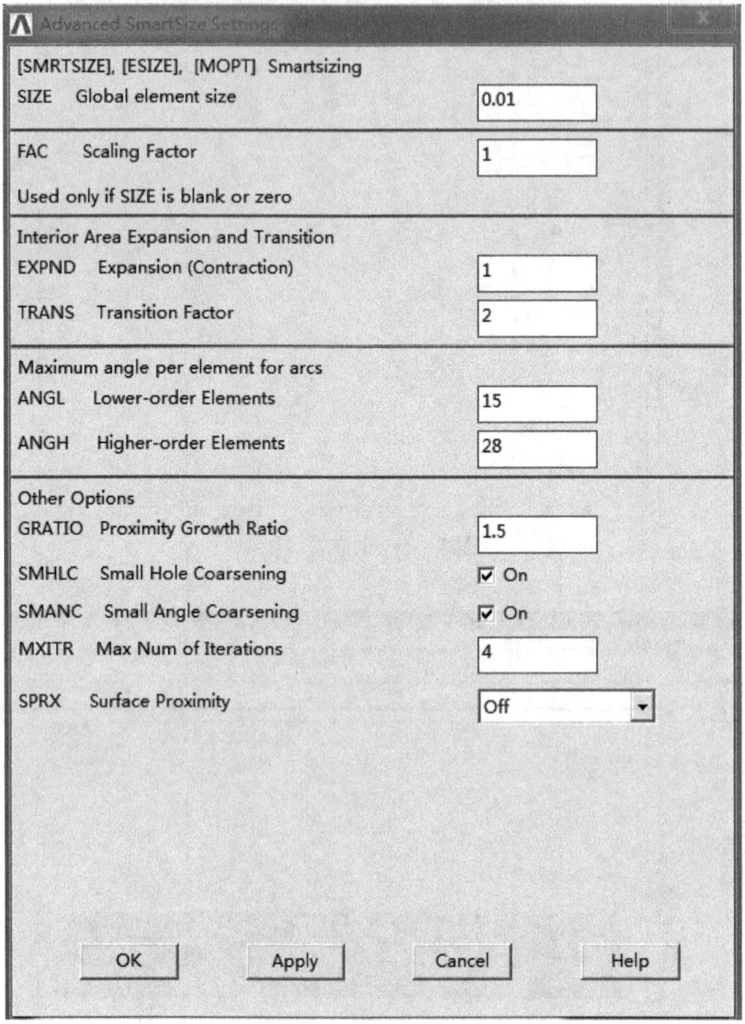

图 5-58 单元尺寸设定

接下来施加边界条件。首先对上部边界施加温度为 50℃，命令为：Solution→Define Loads→Apply→Thermal→Temperature→On Lines，然后选择上边的线段，如图 5-60 所示，此时会弹出如图 5-61 所示界面，选择要约束的自由度，在这里为温度 TEMP，然后在"VALUE Load TEMP value"处输入 50。下部边界条件的施加与此类似，只是温度变为 100℃。

边界条件设置完毕后就可以求解了，命令为：Solution→Solve→Current LS。

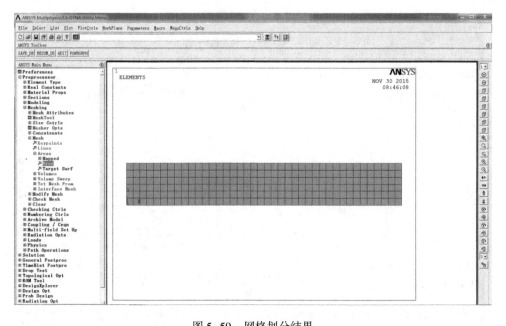

图 5-59　网格划分结果

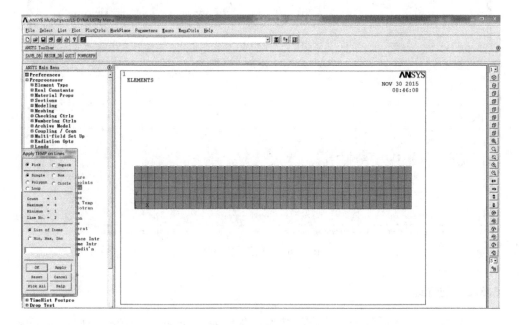

图 5-60　选择边界

求解结束后，会出现如图 5-62 所示界面，表示求解成功，点击 Close 关闭该界面。

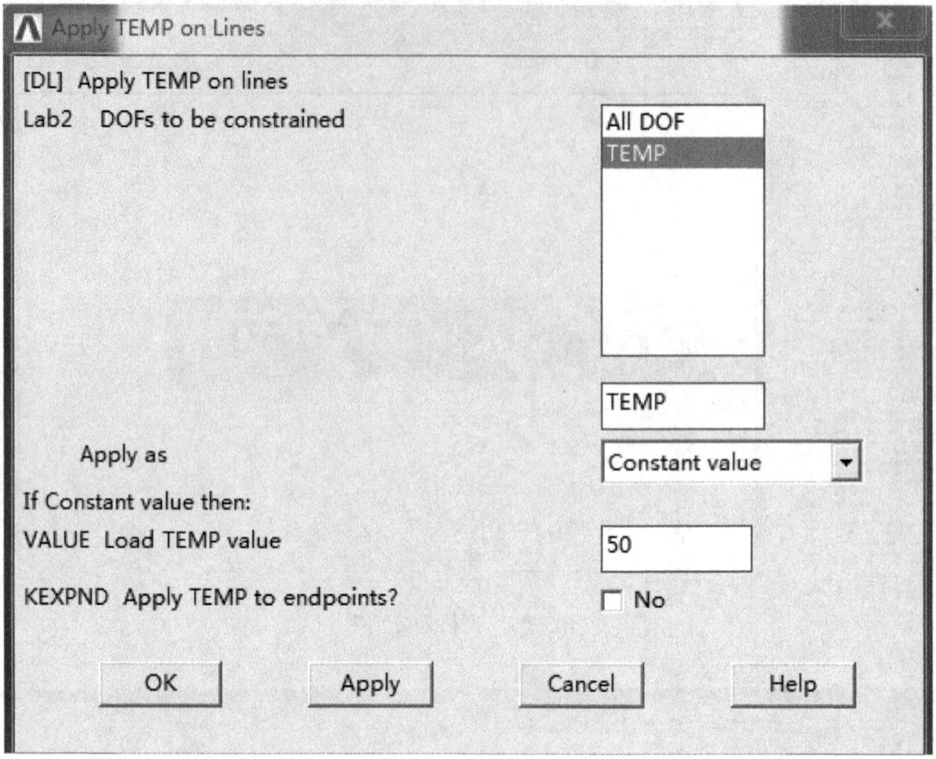

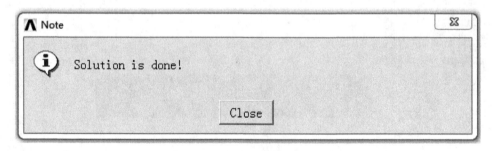

图 5-61 设置边界条件

图 5-62 求解结束标志

5.3.3 后处理

这时可以进入后处理模块查看结果,命令为:General PostProc→Plot Results →Countor→Plot→Nodal Solution,然后弹出图 5-63 所示界面,选择 DOF Solution →Nodal Temperature,然后点按"OK",节点温度分布就显示出来了,如图 5-64 所示。

5.3 ANSYS 在热分析中的应用

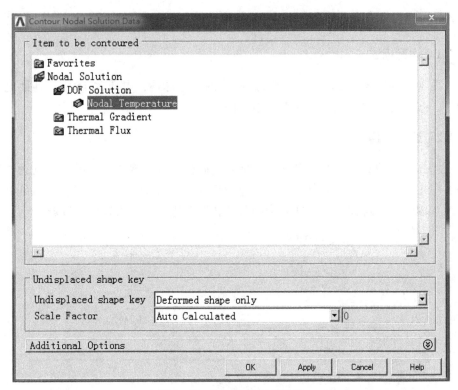

图 5-63 选择要显示的结果

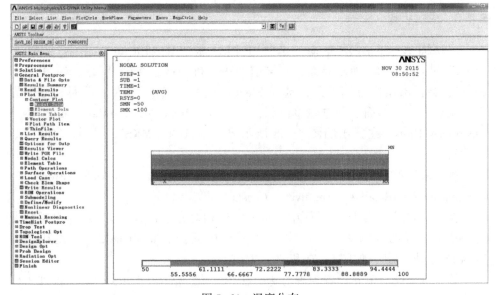

图 5-64 温度分布

5.4 ANSYS 在静电场分析中的应用

5.4.1 问题描述

距地面高度 3m 处有一个半径为 10cm 的带电球体，电压为 150V，地面电压为零，二者之间为空气，求空气中电压的分布。

5.4.2 建模思路

由于属于球对称问题，因此可以把问题简化为通过球体球心的平面问题，如图 5-65b 所示，①表示球体，②表示空气区域，③表示远场空气域，在该处电场衰减到零。由于对称性，将球体中间分开，取右边一半作为最终求解域。

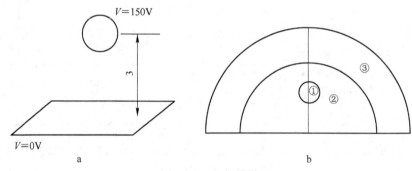

图 5-65 几何模型

5.4.3 求解步骤

启动图 5-66 所示界面，选择工作目录"E:\ElectroAnalysis"，点击"Run"进入图 5-67 所示界面，如同前面热分析一样，在该界面点击"Preference"，会弹出模块过滤界面，选择 Electric 模块，点击"OK"后回到原来界面，接着在这一界面选择电磁单位制，命令为：Preprocessor→Materials Props→Electromag Units，在弹出的图 5-68 所示界面中选择"MKS"，点击"OK"结束设置。

接下来设置空气相对介电常数，命令为：Preprocessor→Materials→Props→Electromagnetics→Relative Permittivity→Constant。

在弹出的图 5-69 所示界面中，填入空气相对介电常数 1。相对介电常数设置完毕后，开始选择单元。本书选择两种单元：平面 Plane121 单元和平面 Plane110 远场单元，如图 5-70 和图 5-71 所示。

然后将上述两单元设置为轴对称，在图 5-72 所示界面 K3 处的下拉列表框中选择"Axisymmetric"。

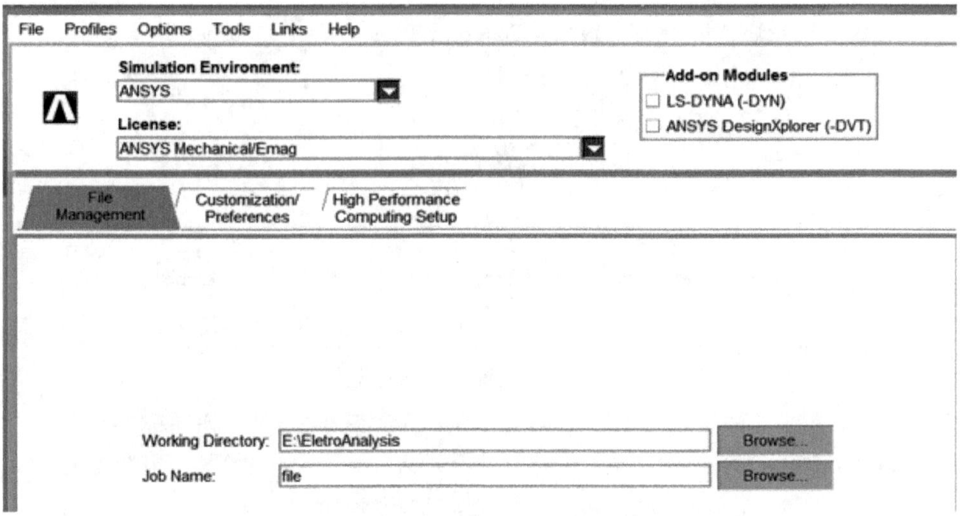

5.4 ANSYS 在静电场分析中的应用

图 5-66 启动 ANSYS

图 5-67 选择电磁模块

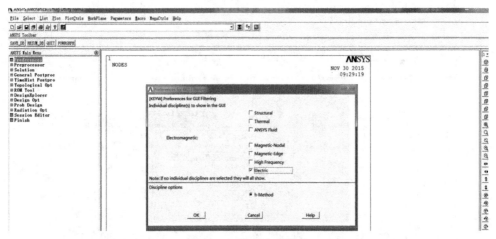

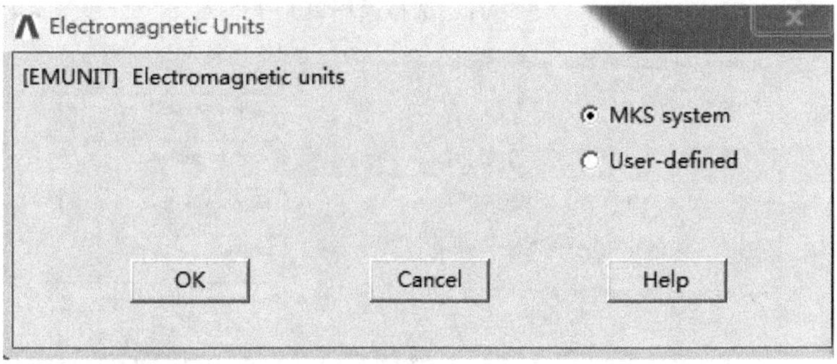

图 5-68 选择电磁单位制

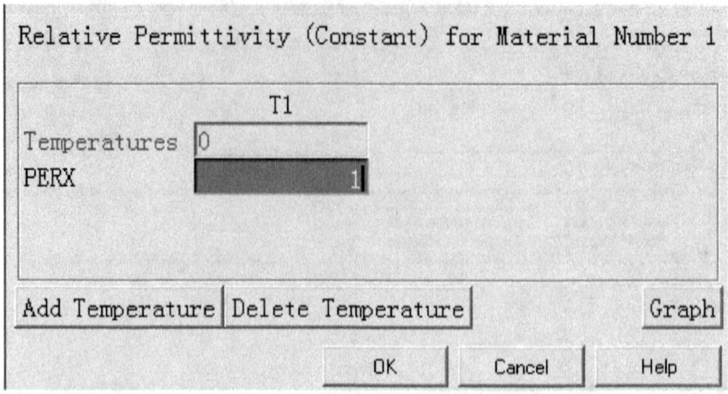

图 5-69　设置相对介电常数

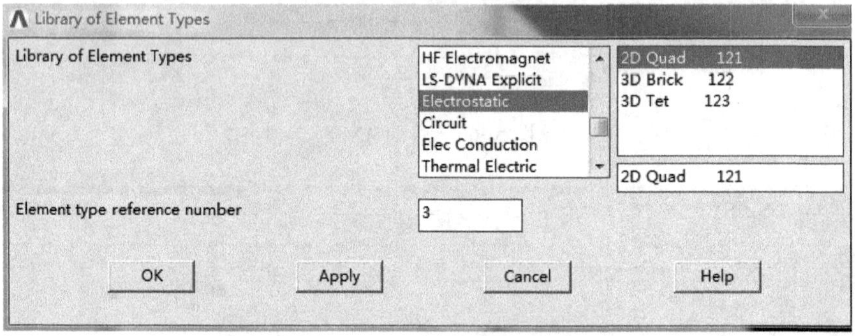

图 5-70　选择静电场单元

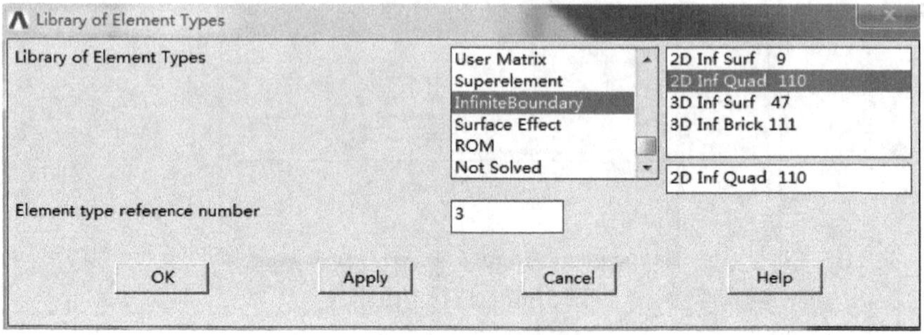

图 5-71　选择远场单元

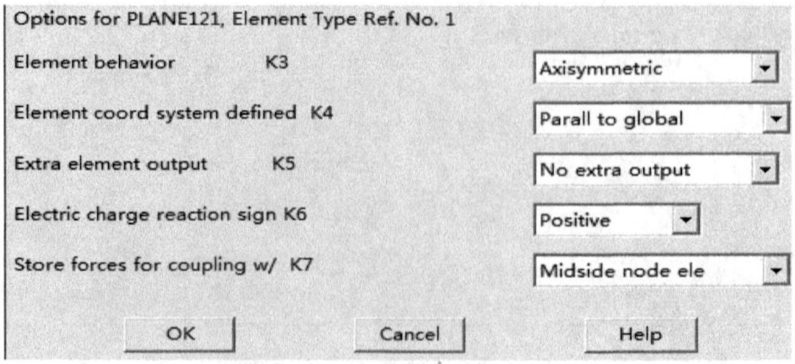

图 5-72　对单元进行设置

接下来进入几何建模环节,要画出图5-65b所示的①、②、③三个区。空气域②、③大小没有明确的规定,大约为球体半径的几十倍即可,这里设区域②半径为1m,区域③半径为2m。区域②的创建过程如下,Preprocessor→Modeling→Create→Areas→Circle→Partial Annulus,会弹出图5-73所示界面,在界面中的Rad-1、Rad-2处输入圆的内、外径0和1;在Theta-1、Theta-2处输入起始角0°和90°,然后点击"OK",就会生成图5-74所示深灰色1/4圆。区域①、③的创建与此类似,只是半径和起始角随之作相应变化。将区域①、②、③画出后,再将①区删除,最终结果如图5-74所示。凹陷处是删除①区后留下的,是球与空气的接触界面,界面电压为150V。

下面为不同区域设置相应的单元,区域②设置为Plane121单元,区域③设置为Plane110远场单元。由于这两个区域均为空气,因此程序默认相对介电常数均为1,可以不用设置。接下来可以进行网格划分了。划分前先设定单元尺寸,这里需要注意的是,区域③的远场单元,在径向单元个数只能设为1,如图5-75所示,其他边界单元数目或大小设置与热分析类似,不再赘述。单元尺寸设置完毕后,就可以划分网格了,网格划分结果如图5-76所示。

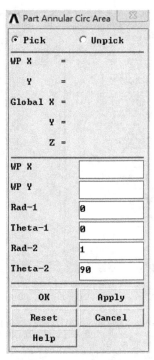

图5-73 几何参数输入

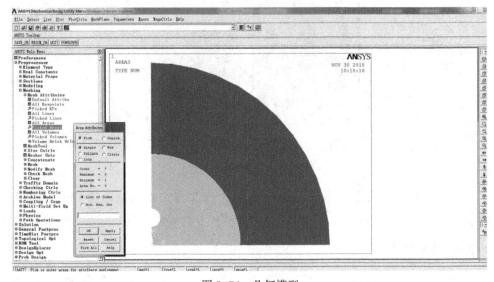

图5-74 几何模型

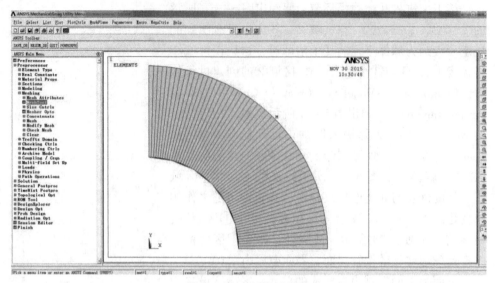

图 5-75　远场单元划分

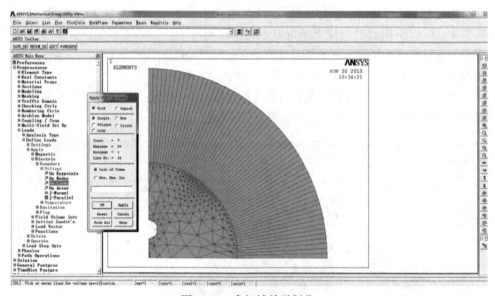

图 5-76　求解域单元划分

最后施加边界条件。在图 5-77 中的 1 号和 2 号边界分别施加 150V 和 0V，施加完毕后就可以求解了，命令为：Solve→Electromagnet→Static Analysis。

5.4.4　查看结果

求解完毕后，进入后处理查看结果。如查看电场强度，命令为：General

5.4 ANSYS 在静电场分析中的应用

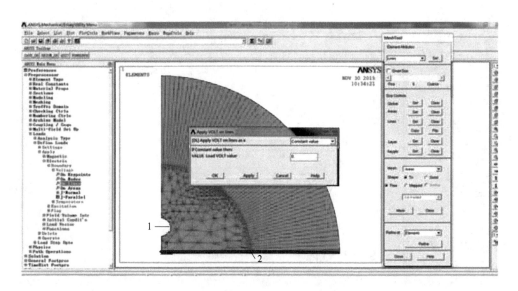

图 5-77 选择要设置边界条件的边

Postproc→Plot Results→Countor Plot→Nodal Solu→Electric field vector sum，结果如图 5-78 所示。

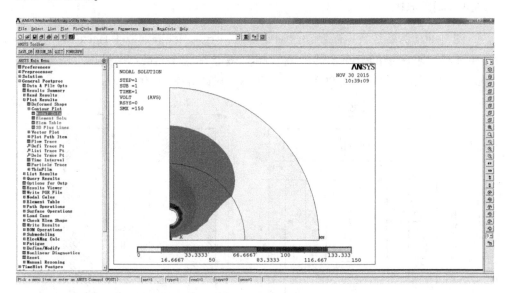

图 5-78 电场强度云图

利用下面的命令查看矢量图：General Postproc→Plot Results→Vector Plot→Predifined→Flux&Gradient→Elec field EF，结果如图 5-79 所示。

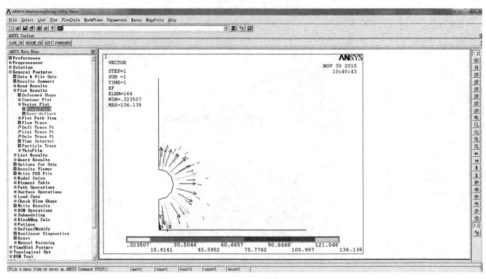

图 5-79 电场矢量图

5.5 ANSYS 在静态磁场中的应用

5.5.1 问题描述

图 5-80a 为螺线管电磁制动器轴截面的一半,铜线圈通以垂直纸面的电流而产生磁场,求磁场的分布。其中空气相对磁导率为 1H/m、线圈相对磁导率为 1H/m、电枢相对磁导率为 2000H/m、铁芯相对磁导率为 1000H/m。

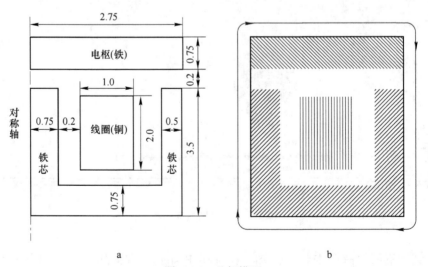

图 5-80 几何模型

5.5.2 建模思路

由于除空气外其他材料磁导率很大,线圈又被铁芯包围,因此制动器向周围空气漏磁不多,为此只需建立图 5-80b 所示的求解区域即可,周围区域空气不考虑,内部白色区域为空气。由于周围空气不考虑漏磁,因此可在外表面施加磁力线平行的边界条件,如图 5-80b 所示。

5.5.3 求解步骤

同前面算例类似,启动 ANSYS,然后进行过滤,选择磁分析模块,如图 5-81 所示。接下来选择单元。因为铜线圈要通入电流,根据 3.3.3 节可知,应采用磁矢势分析方法,故选择具有磁矢势自由度的 Plane53 单元,如图 5-82 所示,然后在图 5-83 中 K1 处的下拉列表框里选择 AZ,在 K3 处下拉列表框里选择"Axisymmetric"。

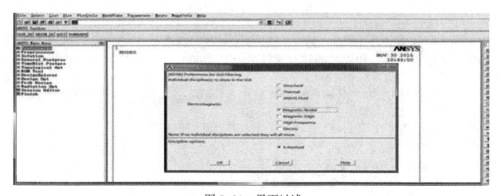

图 5-81 界面过滤

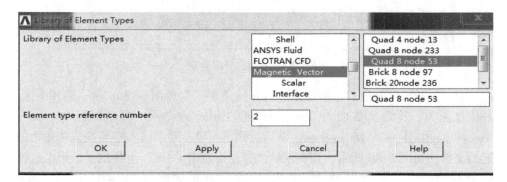

图 5-82 选择单元

下面为不同区域材料设置相对磁导率,命令为:Preprocessor→Materials Props→Electromagnetics→Relative Permeability→Constant,在弹出的图 5-84 所示界面

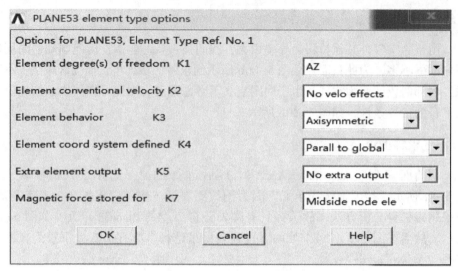

图 5-83　定义单元属性

中，填入空气相对磁导率 1，由于存在四种材料，因此这一命令应再执行三次，分别设置线圈、电枢和铁芯的相对磁导率为 1、2000、1000。

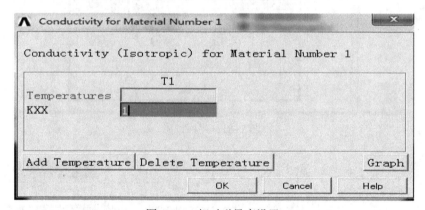

图 5-84　相对磁导率设置

材料参数设定完成后，接下来进行几何造型，生成图 5-80b 所示的几个区。具体过程为：首先生成四个矩形，命令为：Preprocessor→Modeling→Create→Areas→Rectangle→By Dimensions。然后会弹出窗口，要求输入矩形长边和短边的起始坐标，如图 5-85 所示，按要求输入数据后点击"OK"就生成了矩形，这样的矩形有四个，这一操作共执行四次。第一个矩形数据为：$x_1=0$、$y_1=0$、$x_2=2.75$、$y_2=0.75$；第二个矩形为：$x_1=0$、$y_1=0$、$x_2=2.75$、$y_2=3.5$；第三个矩形为：$x_1=0.75$、$y_1=0$、$x_2=2.15$、$y_2=4.45$；第四个矩形为：$x_1=0.95$、$y_1=0.95$、$x_2=1.95$、$y_2=2.95$。最后结果如图 5-86 所示。

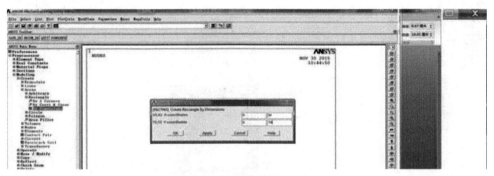

图 5-85　输入几何建模参数

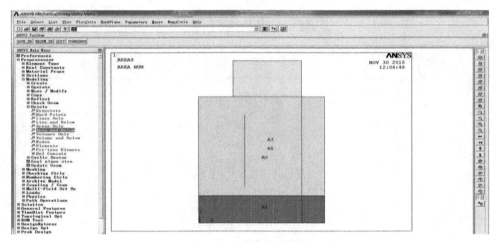

图 5-86　生成的几何体

然后选择这四个矩形，执行布尔运算的搭接运算，命令如下：Preprocessor→Modeling→Boolean→Overlap→Area。结果如图 5-87 所示。接下来再生成两个矩形，方法同上，其尺寸分别为：$x_1=0$、$y_1=0$、$x_2=2.75$、$y_2=3.7$ 和 $x_1=0$、$y_1=0$、$x_2=2.75$、$y_2=4.45$，结果如图 5-88 所示。然后选择所有矩形再执行一次搭接操作，最终结果如图 5-89 所示。

接下来为不同区域选择单元及材料属性，如图 5-90 所示。对不同的区域选择不同的单元和材料，由于单元只有一种，因此在界面的 TYPE 处采用程序默认的 1 号单元即可，而在 MAT 处的下拉列表框共有四种材料供选择，不同的区域选择相应的材料。

设置完毕后可以进行网格划分了。划分前先设置单元尺寸，设置界面如图 5-91 所示，在 Size Level 处，选择单元精度级别为 4 级，设置完毕后进行网格划分，命令为：Preprocessor→Meshing→Mesh→Areas→Free，结果如图 5-92 所示。

· 142 ·　5　有限元法在实际工程中的应用

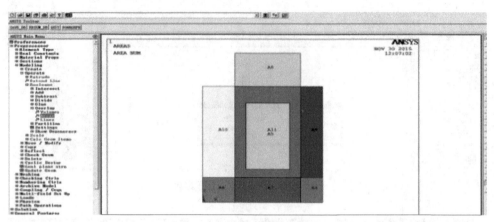

图 5-87　几何体搭接操作结果

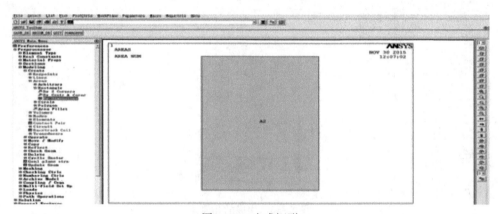

图 5-88　生成矩形

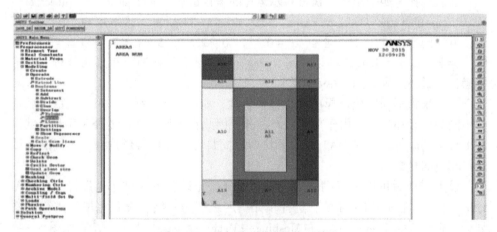

图 5-89　所有图形搭接操作后结果

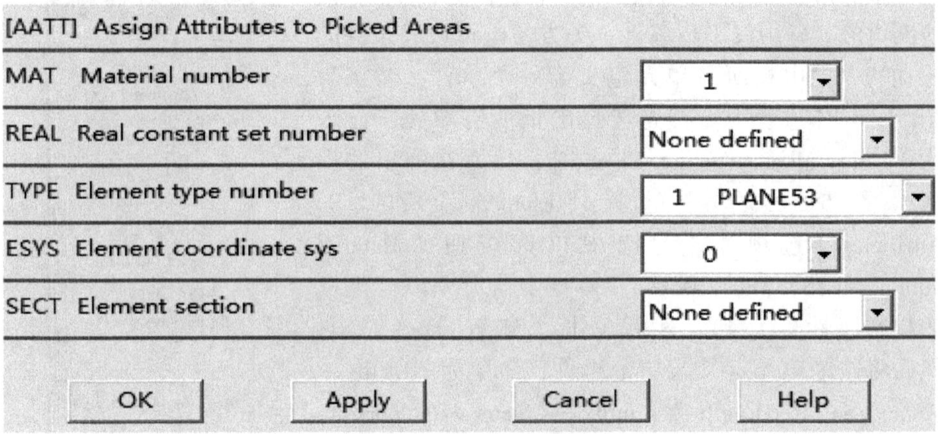

5.5 ANSYS 在静态磁场中的应用

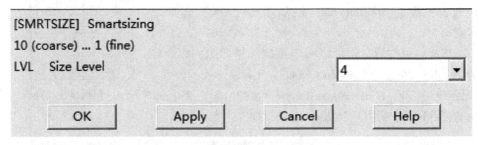

图 5-90 设置材料属性

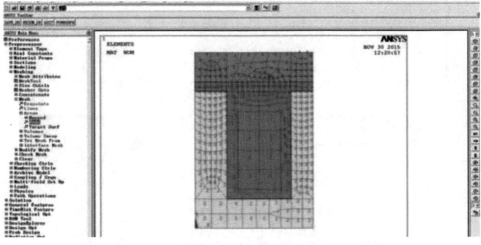

图 5-91 网格划分精细级别设置

图 5-92 网格划分结果

最后设置边界条件，包括三部分：电枢矫顽力、线圈电流、磁力线平行条件。为方便电枢边界条件的施加，先把电枢所有单元定义为一个组件，名字为 ARM，具体过程为：首先选择电枢所有单元，命令为：Utility Menu→Select→Entities，然后在弹出的界面（图 5-93）中选择"Elements"和"By Attributes"选项，之后选中单选按钮"Material num"，并在"Min, Max"文本框中输入"4"（电枢的材料属性号为 4），然后单击"OK"，选择完毕。然后将这些单元定义为一个组件，命令为：Utility→Menu→Select→Comp/Assembly→Create→Component，在弹出的对话框（图 5-94）中，在 Component name 文本框中输入"ARM"，并在 Component is made of 下拉列表框中选择 Elements，最后单击"OK"完成定义。

定义好组件后，就可以给电枢施加矫顽力，命令为：Utility Menu → Solution → Define Loads → Apply → Magnetic→Flag→Comp-Force/Torque，在弹出图 5-95 所示的对话框中选择组件名 ARM，单击"OK"，结束设置。

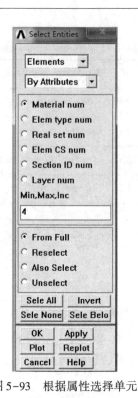

图 5-93 根据属性选择单元

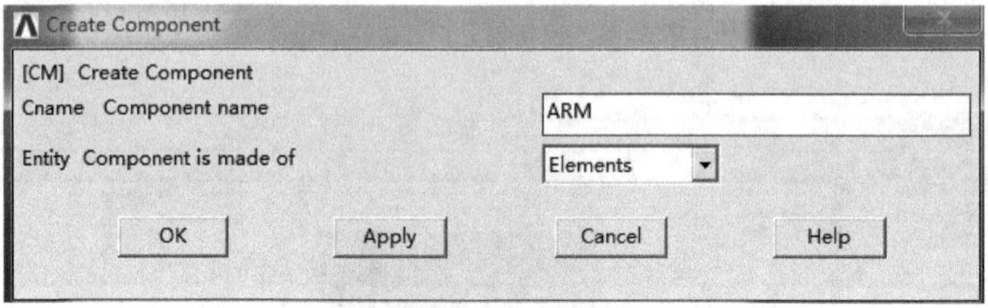

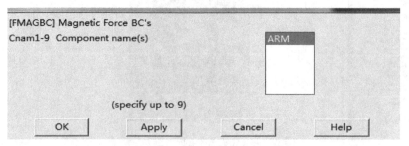

图 5-94 输入组件名称

[FMAGBC] Magnetic Force BC's
Cnam1-9 Component name(s)　ARM
(specify up to 9)

图 5-95 定义组件

接下来给线圈施加电流。选择线圈单元，其方法同上，只是材料属性值取"3"，然后施加电流密度，命令为：Main Menu→Solution→Define oads→Apply→Magnetic→Excitation→Curr Density→On Elements，弹出拾取框，点击"OK"，在另一个弹出的界面（图5-96所示的对话框）"Curr density value"中输入"DENS/(0.01*2)"，点击"OK"，施加完毕。

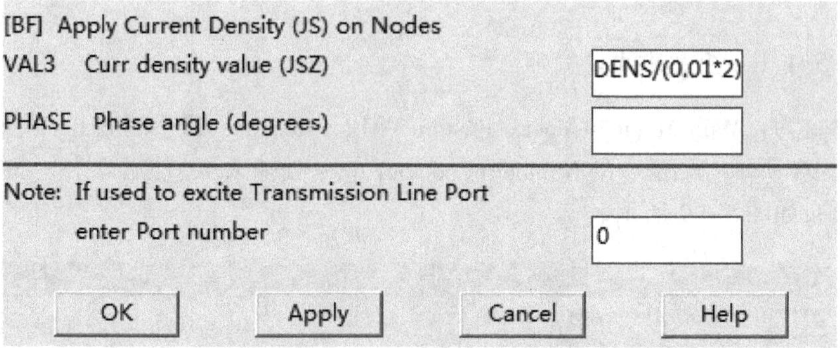

图5-96 输入线圈电流密度

磁力线平行边界选择如图5-97所示。选择模型外围所有节点，命令为：Utility Menu→Select→Everthing；Utility Menu→Select→EverthingEntities，在弹出的对话框中选择"Nodes""Exterior"，再单击"Sele All"按钮和"OK"按钮，这样，模型外围节点都被选中，然后施加如下命令：Main Menu→Solution→Define Loads→Apply→Magnetic→Boundary→Vector porten→Flux Par'l→On Nodes，此时会弹出拾取框，单击"Pick All"按钮，施加完毕。

图5-97 选择几何体外围单元

在求解之前还要进行单位转换。之前几何模型尺寸单位为厘米（cm），为了和电磁单位 MSK 相匹配，应转换为米制单位，命令为：Preprocessor→Modeling→Operate→Scale→Areas，此时会弹出对话框，在"Scale factors"文本框中依次输入：0.01、0.01、1，表示 x 和 y 方向长度缩短 0.01 倍，而 z 方向不用改变。

5.5.4 查看结果

5.5.4.1 查看磁力线分布

命令为：Main Menu→General Postproc→Plot Results→2D→Flux lines，在弹出的图 5-98 所示对话框中的 Number of contour lines 处输入 9，然后点击"OK"，磁力线分布如图 5-99 所示。

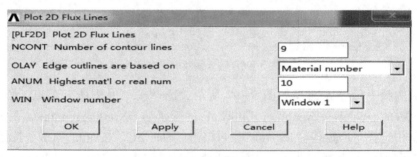

图 5-98 磁力线显示数目设置

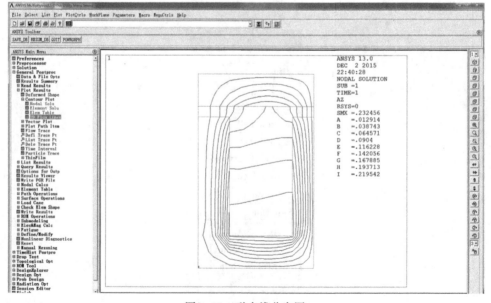

图 5-99 磁力线分布图

5.5.4.2 矢量显示磁流密度

命令为：Main Menu→General Postproc→Plot Results→Vector Plot→Predefined，在弹出的图 5-100 所示界面中，选择 Flux & gradient 和 Mag flux dens B，然后单击"OK"，磁流密度矢量如图 5-101 所示。

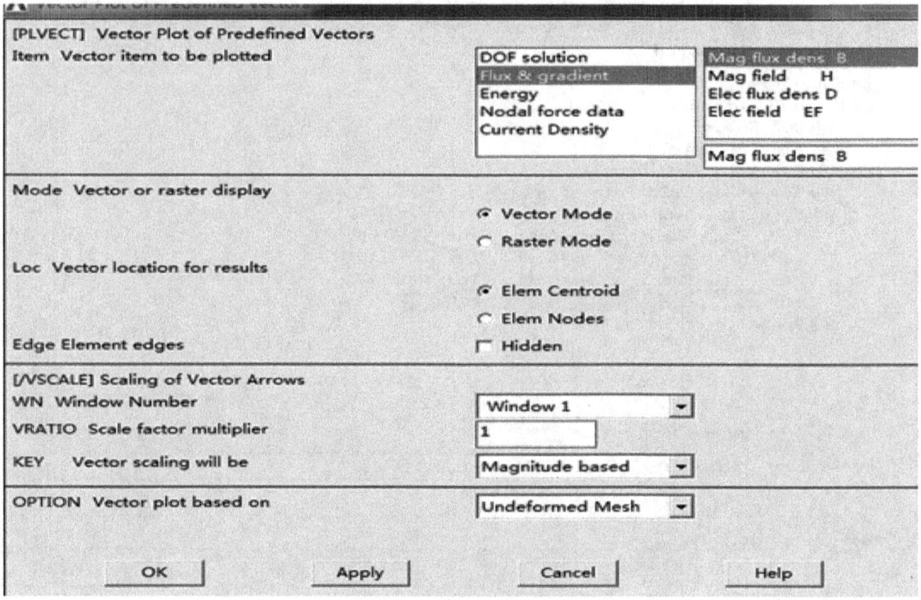

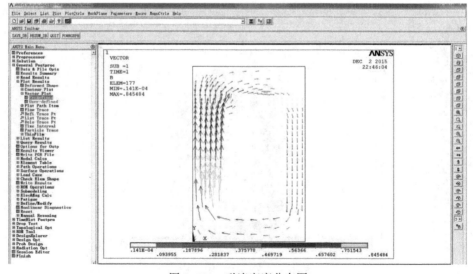

图 5-100　选择磁流密度

图 5-101　磁流密度分布图

5.5.4.3 云图显示节点磁流密度

命令为：Main Menu→General Postproc→Plot Results→Countor Plot→Nodal Solu，在弹出的图 5-102 所示界面中，选择 Nodal Solution→Magnetic Flux Density→Magnetic flux density vector sum，点击"OK"，结果如图 5-103 所示。

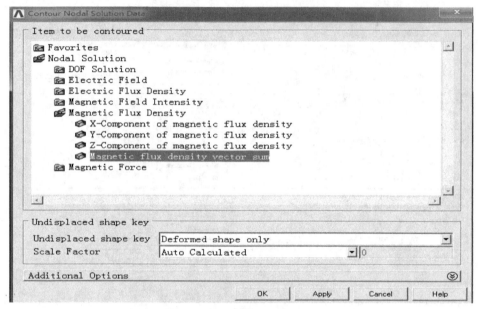

图 5-102　选择节点磁流密度

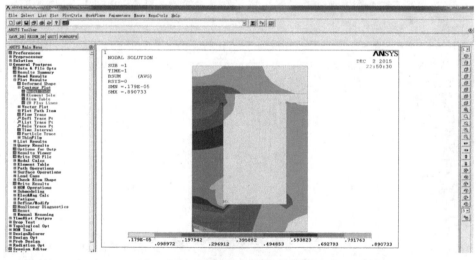

图 5-103　节点磁流密度分布云图

参考文献

[1] 王新荣,陈永波. 有限元法基础及 ANSYS 应用 [M]. 北京:科学出版社,2000.
[2] 周焕材,胡家军,胡龙飞. MSC Patran & MSC Nastrsn 入门和实例 [M]. 合肥:合肥工业大学出版社,2006.
[3] 龙凯,贾长治,李宝峰. Patran 2010 与 Natran 2010 有限元分析——从入门到精通 [M]. 北京:机械工业出版社,2011.
[4] 寇晓东,唐可,田彩军. Alogor 结构分析高级教程 [M]. 北京:清华大学出版社,2008.

附录 A 常用 ANSYS 单元简介

A.1 概述

A.1.1 单元类型

ANSYS 单元类型十分丰富，常见的结构单元有杆单元、梁单元、管单元、2D 实体单元、3D 实体单元、壳单元、弹簧单元、质量单元、接触单元、矩阵单元、表面效应单元、黏弹实体单元、超弹实体单元、耦合场单元、界面单元、显示动力学单元等类型。杆单元适合用于模拟桁架、缆索、连杆、弹簧等构件，该类单元只有平移自由度，只承受杆的轴向拉压，不承受弯矩。梁单元有多种，具有不同的特性，适用于模拟梁、桁架、钢架等结构，同时具有转动自由度和平移自由度，可以承受轴向拉压、弯曲、扭转。2D 实体单元是一类平面单元，可以用于平面应力、平面应变和轴对称问题的分析，此类单元必须创建于全局直角坐标系的 xoy 坐标平面内，轴对称分析时以 y 轴为对称轴，单元有 UX、UY 两个自由度。3D 实体单元用于模拟三维实体结构，单元有 UX、UY、UZ 三个平动自由度。壳单元可以模拟平板和壳等结构。

A.1.2 单元的一般特性

A.1.2.1 输入参数

单元名称：由单元类型名称和序号组成，例如 BEAM188。

节点：单元节点由 I、J、K 等字母表示，在 ANSYS 单元库中，每个单元类型的单元几何图形中都表示出了节点的顺序和方位。节点序列可以在划分单元时自动生成，也可用 E 命令直接定义。节点的顺序必须与单元库该单元描述中"Nodes"列表顺序一致，节点 I 是单元的第一个节点。对于某些节点，节点顺序决定了单元坐标系方向。

自由度：节点的自由度是位移型有限元方程的未知量，根据单元类型不同，可以是节点位移、转动角度、温度、压力等。求解有限元方程后直接得到的是自由度解，由自由度解进一步计算导出应力、应变等解。位移和转动自由度用 UX、UY、UZ、ROTX、ROTY、ROTZ 表示，它们的物理意义分别为节点沿节点坐标系 x、y、z 轴方向的平动位移和绕节点坐标系 x、y、z 轴的转动角度。TEMP 为温度自由度，PRES 为压力自由度。

材料特性：多数单元都必须制定与其匹配的材料特性参数，如结构单元需要制定弹性模量、泊松比和密度等。每种材料特性参数都有专门的标识符，如 EX 表示单元坐标系下 x 轴方向的弹性模量、DENS 表示密度等。所有材料特性都可以是温度的函数。材料特性分线性和非线性。线性材料特性用 MP 命令输入，求解时只需一次迭代；非线性材料特性用 TB 命令输入，求解时需要反复迭代。

特殊性质：包括自适应下降、单元生死、剥离、初始状态、初始应力、大挠度、线性扰动、非线性稳定、海洋载荷、重新划分定义截面应力刚化。

截面：截面为单元添加辅助信息，常见的截面类型有梁截面、壳截面、增强截面、轴对称截面等。

单元载荷：单元载荷与单元相关联，类型有面载荷、体载荷、惯性载荷、初始应力、海洋载荷。

节点载荷：定义在节点上且不与单元相关联。节点载荷通常用 D 和 F 命令施加，最常用的有节点位移约束和节点力载荷。

单元选项（KEYOPTs）：单元的关键选项包括单元自由度、输出、单元行为等。具体选项与单元类型有关，可以用 ET 命令的参数输入，也可以用 KEYOPT 命令输入，KEYOPT（7）以及以上时必须用 KEYOPT 命令输入。

实常数：用于指定单元的尺寸、特性等，常用的实常数包括厚度、面积、半径、质量等，不同单元可能需要不同的实常数，实常数用 R 命令指定，命令中参数的顺序必须与单元库该单元描述中的"Real"列表顺序一致。

A.1.2.2 结果输出

ANSYS 计算结果要写入到输出文件（Jobname.OUT）、结果文件（Jobname.RST、Jobname.RTH 或 Jobname.RMG）和数据库文件（Jobname.DB）中，输出文件的结果可以通过 GUI 进行查看，数据库和结果文件的数据用于后处理。

输出文件：根据 OUTPR 命令设置情况，结果文件可以存储节点自由度解、节点载荷、支持力或单元解。单元解是单元积分点或质心处理结果，由单元选项（KEYOPTs）控制。

数据库和结果文件：结果文件中包含的数据由 OUTRES 命令设置，在 POST1 中用 SET 命令将数据从结果文件读入内存中。面单元和体单元的结果可用 PRNSOL、PLNSOL、PRESOL 和 PLESOL 等命令从数据库中检索。

用通用标签引用常用的结果数据，如 SX 表 x 方向的正应力，XC、YC、ZC 表示单元质心的坐标，而积分点数据、所有的线单元、接触单元的导出结果数据、所有的热分析用线单元的导出结果数据、所有层单元的层数据等一些结果数据没有通用标签，而使用序列号表示这些项目。

单元结果：在 ANSYS 单元库单元类型描述中，给出单元的输出结果项目以及定义，没有给出的项目或者不可用或者全为零。有的输出项目依赖输入。

应力和应变是结构分析中两个主要结果，在大变形分析（NLGEOM，ON）时为对数应变，而在小变形分析（NLFEOM，OFF）时使用的是工程应变。单元应力和应变直接在积分点上计算，且可以外推至单元节点或单元质心计算平均值。在梁、管和壳单元上，可用线性应力、力、力矩和曲率的变化等广义应力和应变。

ANSYS 单元库中，多数单元都有两个表格。表格"Element Output Definitions"介绍了单元可用的输出数据，介绍了哪些数据（O 列）可以输出到输出文件 Jobname. OUT 中或显示到终端，哪些数据（R 列）可以输出到结果文件（Jobname. RST、Jobname. RTH 或 Jobname. RMG）中。使用的结果数据必须用 OUTPR 或 OUTRES 命令包括在输出文件和结果文件中。表格"Item and Sequence Number"列出了需要使用 ETABLE 命令访问的数据项目和相应的列号，其中 SMISC 项可以求和，而 NMISC 项目不可以求和。

在表格"Element Output Definitions"中，如果在输出量名称后标记冒号（:），表示该项目可以用于分量名方法［ETABLE，ESOL］来处理，O 列、R 列分别表示该输出项在输出文件 Jobname. OUT 中和结果文件中是否可用，Y 表示可用，减号"-"表示不可用。表"Item and Sequence Number"中，变量名为第一个表定义的输出数据项；Item 为项目标识；E 为当单元数据为常数或单一值时对应的序列号；I、J 为节点 I 和 J 处数据所对应的序号；使用 ETABLE、Lab、Item、Comp、Option 命令填充单元表时，命令参数 Item 即为第二个表中的 Item，Comp 为第二个表中的 E 或 I、J。

积分点是很多单元求解点，多数单元有积分点解。在 ANSYS 单元库单元介绍中，会给出积分点的数目位置，大变形分析时，积分点位置会被更新，可以用 ERESX 命令设置将积分点数据写入结果文件。

质心解是某些单元质心（或质心附近）处的结果，可列表输出，质心数值解是单元积分点的平均值，各分量的方向与输入材料方向一致，例如 SX 方向与 EX 方向相同。

单元节点解通常不同于节点解，通常是由内部积分点结果外推至节点上的导出解，可用于 2D、3D 实体单元、壳单元或其他单元，输出通常在单元坐标系上，在 POST1 后处理器内对相邻单元节点结果进行平均处理。

单元节点载荷是作用在单元节点上的力或载荷，包括静载荷、阻尼载荷、惯性载荷。

非线性应变（EPPL、EPCR、EPSW 等）采用最近积分点数值。如果有蠕变存在，应力在塑性修正后、蠕变修正前计算，弹性应变在蠕变修正后计算。

2D 平面应力分析时，输入和输出都是基于单位厚度进行的，轴对称分析输入和输出都是基于 360°。轴对称分布时，结构必须以全局 y 轴为对称轴，且在 x

正方向建模，x、y、z 和 xy 应力应变分别对应于径向、轴向、周向和平面内剪应力和应变。

杆件力解对多数线单元都是可用的，该输出在单坐标系上，且与单元自由度相对应，可用 ETABLE 和 ESOL 命令访问这些数据。

节点结果：包括节点自由度解、温度（节点位移）和约束节点支持反力解。节点自由度解是模型中所有活动单元的活动自由度解，命令 OUTPR、NSOL 和 OUTRES、NSOL 分别用于控制节点自由度打印输出和结果文件输出。

节点支持反力解在施加有自由度约束的节点上计算，结构施加位移约束时支持反力是节点力，热分析施加温度自由度约束时，支持反力是热流量；流体分析施加压力约束时，支持反力是流量。命令 OUTPR、RSIOL、OUTRES、RSOL 分别用于控制支持反力打印输出和结果文件输出。

节点自由度解和支持反力解均位于节点坐标系上。

A.2 LINK11

A.2.1 单元描述

LINK11 单元可用于模拟液压缸和大转动，该单元是单轴拉压单元，不能承受弯矩和扭矩，每个节点有三个自由度，即沿 x、y、z 轴向的平动。

A.2.2 LINK11 输入数据

单元的几何描述、节点位置参见图 1。该单元由两个节点及刚度 k、黏性阻尼系数 c、质量 M 来定义，单元初始长度 L0 和方向由节点位置确定。

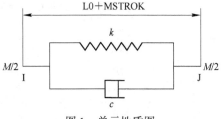

图 1 单元性质图

单元载荷为单元行程或轴向力，在单元受力为零的位置处单元性行程为零。用在单元施加表面载荷命令定义单元载荷：SEF、Elem、LKEY、Lab、KVAL、VAL1（菜单路径 Main Menu→ Solution→ Define→ Loads →Apply→ Structral → Pressure→ On Elements），命令参数 Elem 为施加载荷的单元，LKEY=1 时载荷为行程，LKEY=2 时载荷为轴向力，Lab 为 PRES、VAL1 位移载荷值。

单元 LINK11 输入摘要如下所述：

节点：I, J；
自由度：UX、UY、UZ；
实常数：K（刚度）、C（黏性阻尼系数）、M（质量）；
材料属性：ALPD（质量阻尼系数）、BETD（刚度阻尼系数）；
表面载荷：压力、用于定义行程或轴向力；
支持特性：应力刚化、大挠度、单元生死。

A.2.3 LINK11 输出数据

结果输出包括节点位移解和单元解。单元解定义如表1所示，表2列出了可通过 ETABLE 命令用序列号方式输出的数据。

表 1 LINK11 单元解定义

名 称	定 义	O	R
EL	单元编号	Y	Y
NODES	单元节点 I, J	Y	Y
ILEN	单元初始长度	Y	Y
CLEN	单元当前长度	Y	Y
FORCE	轴向力	Y	Y
DFORCE	阻尼力	Y	Y
STROKE	应用行程	Y	Y
MSTROKE	测量行程	Y	Y

表 2 项目和序列号表

变量名	ETABLE 和 ESOL 命令输入项	
	Item	E
FORCE	SMISC	1
ILEN	NMISC	1
CLEN	NMISC	2
STROKE	NMISC	3
MSTROKE	NMISC	4
DFORCE	NMISC	5

A.3 LINK180

A.3.1 单元描述

LINK180 是一个有用的三维杆单元，可以用来模拟桁架、缆索、连杆、弹簧等。该单元只承受轴线方向的拉力和压力,不承受弯矩。每个节点有三个自由度:沿节点坐标系 x、y、z 轴方向的平动。单元提供仅受拉或仅受压选项,具有塑性、蠕变、转动、大挠曲、大应变等功能。

在默认情况下,LINK180 包括应力刚化功能、大挠曲效应、支持弹性、等向强化塑性、随动强化塑性、HILL 各向异性塑性、Chaboche 非线性强化塑性即蠕变性能等。模拟仅受拉或仅受压时,必须进行非线性迭代求解。大挠曲分析前必须激活大挠曲选项(NLGEOM,ON)。

A.3.2　LINK180 输入数据

图 2 为单元几何形状、节点位置。该单元通过两个节点、横截面面积(AREA)、单位长度的质量(ADDMAS)及材料属性来定义。单元的 x 轴是沿着节点 I 到节点 J 的单元长度方向。节点温度可以作为单元的体载荷来输入,节点处的温度默认为 TUNIF,温度沿杆长线性变化。

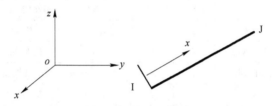

图 2　杆单元示意图

大变形分析时,允许横截面面积随着轴向伸长而变化。默认时,单元的体积不随变形发生改变。也可通过 KEYOPT(2) 使横截面面积保持不变或刚性。

LINK180 提供拉-压、仅受拉或仅受压选项,可通过实常数 TENSKEY 来选择。选择仅受拉或仅受压时,需要进行非线性求解。

单元 LINK180 输入摘要如下所述:

节点:I,J。

自由度:UX、UY、UZ。

实常数:AREA(横截面面积)、ADDMAS(单位长度的附加质量)、TENSKEY(TENSKEY 选项)。

材料属性:EX(弹性模量)、PRXY(泊松比)、ALPX(线膨胀系数)、DENS(密度)、GXY(剪切模量)、ALPD(质量阻尼系数)、BETD(刚度阻尼系数)。

载荷:轴向力 FORCE、体载荷 Temperatures-T(I),T(J)。

支持特性:蠕变、初应力、大应变、应力刚化、大挠度、单元生死、线性扰动、非线性稳定、海洋载荷。

KEYOPT(2):仅当大挠曲选项激活时(NLGROM,ON)使用,0 表示单元变形后体积不变,横截面面积随轴向伸缩而变化(默认值);1 表示假定截面为刚性。

KEYOPT(3):拉-压选项,0 表示既可受拉,又可受压(默认);1 表示仅受拉;2 表示仅受压。

A.3.3 LINK180 输出数据

单元结果输出包括节点解和单元解。单元解的定义如表 3 所示,表 4 列出了可通过 ETABLE 命令用序列号方式输出的数据。

表 3 LINK180 单元解定义

名 称	定 义	O	R	名 称	定 义	O	R
EL	单元编号	Y	Y	EPTOxx	总应变	Y	Y
NODES	单元节点 I,J	Y	Y	EPEQ	塑性等效应变	②	②
MAT	材料模型编号	Y	Y	Cur. Yld. Flag	当前屈服标记	②	②
SECID	截面编号	Y	—	Plwk	塑性变形性能密度	②	②
XC, YC, ZC	中心点坐标	Y	①	Pressure	静水压强	②	②
TEMP	温度 T(I),T(J)	Y	Y	Creq	蠕变等效应变	②	②
AREA	横截面面积	Y	Y	Crwk_Creep	蠕变性能密度	②	②
FORCE	单元坐标系下的杆力	Y	Y	EPPLxx	横向塑性应变	②	②
Sxx	轴向应力	Y	Y	EPCxx	横向应变	②	②
EPELxx	轴向弹性应变	Y	Y	EPTHxx	轴向热应变	③	③

①只有质心作为 *GET 项时可用。
②只有单元定了非线性材料时才会有的非线性结果。
③只有单元温度与参考温度(TREF)不同时才有效。

表 4 项目和序列号表

变量名	Item	E	I	J	变量名	Item	E	I	J
Sxx	单元编号	LS	1	2	EPCRxx	LEPCR	—	1	3
EPELxx	单元节点 I,J	LEPEL	1	2	FORCE	SMSIC	1	—	—
EPTOxx	材料模型编号	LEPTO	1	2	AREA	SMSIC	2		
EPTHxx	截面编号	LEPTH	1	2	TEMP	LBFE	—	1	2
EPPLxx	中心点坐标	LEPPL	1	2					

A.4 BEAM188

A.4.1 BEAM188 单元描述

BEAM188 单元适合于分析从细长到中等粗短的梁结构。该单元基于铁木辛科梁理论，考虑了剪切变形的影响。单元提供选项控制横截面翘曲或不翘曲。

BEAM188 是三维 2 节点梁单元，位移函数取决于 KEYOPT(3) 的值，可以是线性的、二次的或三次的。每个节点有 6 或 7 个自由度，包括 x、y、z 方向的平动和绕 x、y、z 轴的转动，即挠曲和转角是相互独立的自由度。当 KEYOPT(1) = 1 时，每个节点有 7 个自由度，第 7 个自由度是横截面的翘曲（WARP）。该单元非常适合线性及大转动、大应变等非线性问题。

在任何一个包括大挠曲的分析中，应力刚化都是默认项。应力强化选项使本单元能够分析弯曲、横向及扭转稳定问题。该单元支持弹性、塑性、蠕变及其他非线性材料模型，支持复合材料，其截面可以由不同材料组成。

A.4.2　BEAM188 基础理论和用法

A.4.2.1　剪切变形处理

欧拉-伯努利（Eular-Bernouli）梁理论忽略横向剪切变形的影响，认为横截面在变形后仍然垂直于梁的轴线并保持为平面。该理论对细长梁是有效的，但对于短粗梁、高频模态的激励问题、复合材料梁问题，由于横向剪切变形不可忽略，存在较大误差，将横向剪切变形加入欧拉-伯努利梁就得出铁木辛科（Timoshenko）梁理论。该理论认为，横截面的旋转由弯曲变形和横向剪切变形共同引起。为了方便处理，假定剪切应变在横梁截面上是常值，并引入剪切校正因子来修正这种简化。

BEAM188 单元基于铁木辛科理论，可以用于细长或短粗的梁，推荐长细比要大于 30。

该单元支持横向剪切和横向剪切应变的弹性关系，可以用 SECCONTROL 命令定义横向剪切刚度。

BEAM188 不能使用高阶理论计算剪切力分布情况，如果必须考虑的话，就需要运用 ANSYS 实体单元。

KEYOPT(1) = 1 时，翘曲（WARP）自由度被激活，单元每个节点有 7 个自由度，UX、UY、UZ、ROTX、ROTY、ROTZ、WARP。通过定义节点的 7 个自由度，BEAM188 单元能支持约束扭转分析，可以计算出双力矩和双曲率。由于约束扭转时，横截面存在正应力，该正应力对应的内力即是双力矩。

A.4.2.2　位移函数

当 KEYOPT(3) = 0 时，BEAM188 具有线性位移函数，沿着长度采用一个积分点，因此所有单元结果沿长度方向都是常量。

当 KEYOPT(3) = 2 时，BEAM188 增加了一个内部节点，具有二次位移，沿着长度采用两个积分点，单元结果沿长度方向是线性化的。

当 KEYOPT(3) = 3 时，BEAM188 增加了两个内部节点，具有三次位移，沿着长度采用三个积分点，单元结果沿长度方向是按二次函数变化的。

A.4.2.3 质量矩阵

质量矩阵和节点载荷矢量的计算，采用比刚度矩阵更高阶的积分。单元支持一致质量矩阵和集中质量矩阵，一致质量矩阵是默认的，可以用 LUMPM, ON 命令激活集中质量矩阵，可以用 SECCONTROL 命令制定单位长度质量 ADDMAS 的值。

A.4.3 BEAM188 输入数据

图3 为单元几何形状、节点位置、单元坐标系及压力方向，由全局坐标系的节点 I, J 定义。

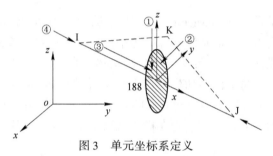

图3 单元坐标系定义

节点 K 用于定义单元坐标系方向，可以在对直线进行网格划分前用 LATT 命令指定方向关键点，划分网格时节点 K 可自动生成。如果定义方向节点，单元坐标系的 x 轴方向为由节点 I 指向节点 J，z 轴由节点 K 确定。在大挠曲分析时，方向节点 K 只用于定位单元的初始位置。如果未定义节点方向，系统仍指定 x 轴方向为由节点 I 指向节点 J，y 轴方向平行于全球直角坐标系的 xoy 平面，当单元平行于全球直角坐标系 z 轴时 y 轴方向平行于全球直角坐标系定位 y 轴。

BEAM188 单元是一维空间单元，其截面形状、尺寸等可用 SECTYPE 和 SECDATA 命令分别指定，截面与单元截面用 ID 号来关联，截面号是独立的单元属性。除了定义等截面梁，也可以用 SECTYPE 命令中的 TAPER 选项来定义变截面梁。

BEAM188 单元忽略任何实常数，可以用 SECCONTROL 命令来定义横向剪切刚度和附加质量。

A.4.3.1 BEAM188 横截面

BEAM188 可以与以下截面类型关联：

(1) 标准库截面类型或用户用 SECTYPE, BEAM 命令自定义的截面梁。梁的材料可以指定为单元属性,或作为复合材料截面的组成部分。

(2) 广义截面梁。其广义应变、广义应力的关系可直接输入。

(3) 由 SECTYPE,TAPER 命令定义渐变截面梁。

(4) 标准库截面类型。

SECTYPE 和 SECDATA 命令能根据截面相关参数自动计算截面单元的积分点、节点。如图4所示,每个截面由一些截面单元(Cell)组成,每个截面单元有9个结点和4个积分点,每个截面单元可设置独立的材料属性。

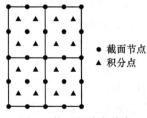

图4 截面积分点分布

横截面上截面单元的数目影响截面性能、计算的准确性和非线性应力-应变模型能力。BEAM188 沿长度和在横截面上的积分具有嵌套结构。

当单元材料是非弹性或当截面温度有变化时,基本计算在截面的积分点上运行。对于一般的弹性分析,单元使用预先计算的单元积分点上的截面属性。但无论哪种情况,应力和应变输出均在截面积分点上计算,且可将结果外推到单元和截面节点。

用户在自定义 ASEC 子类截面时,只输入面积、惯性矩等参数,而没有输入截面的形状和尺寸。所以,如果指定单元截面为 ASEC 子类,则只有一般的应力和应变可输出,而三维云图和变形形状不能显示。

BEAM188 单元可以分析组合梁。组合梁不同材料的各部分假定为完全固连在一起,组合梁的行为与单一杆没有不同。复合材料截面基于"梁行为假定"(欧拉-伯努利梁理论或铁木辛科梁理论)可用于双金属片、金属加固梁、由沉积不同材料层形成的传感器分析等。

BEAM188 单元不考虑弯曲和扭转的耦合,也不考虑横向剪切的耦合。

KEYOPT(15) 指定结果文件(.RST)格式,KEYOPT(15) = 0 时,只在每个截面角节点提供一个平均结果,因此,该选项通常用于均质梁;KEYOPT(15) = 1 时,在每个截面积分点给出一个结果,因此该选项通常用于复合材料的组合截面。

A.4.3.2 BEAM188 载荷

集中力施加在节点上,应将节点设置在要施加集中力的地方。由单元节点定

义了单元的 x 轴,如果节点不在形心上,则形心轴不与单元的 x 轴共线,施加的轴向力将产生弯矩。如果横截面的形心和剪切中心不重合,施加的剪切力将产生扭矩和扭转应变。可用 SECCONTROL 命令设置 OFFSETY、OFFSETZ 值,以确定合适的节点与截面相对位置。默认时,程序使用质心为梁单元的基准轴。

单元施加的表面载荷是压力。压力作用面及其方向如图 3 所示。正的压力方向指向单元。横向分布载荷和切向分布载荷具有力/长度的量纲。端部轴向压力载荷是集中载荷。

温度可以作为单元的体载荷在节点上施加。ANSYS 规定,单元截面 x 轴位置处温度设为 T(0, 0),y 轴距离 x 轴单位长度处的温度为 T(1, 0),z 轴上距离 x 轴单位长度处的温度设为 T(0, 1)。可以用 BFE 命令在 BEAM188 单元的 I, J 节点施加温度载荷:BFE, ELEM, TEMP, 1, TI(0, 0), TI(1, 0), TI(0, 1); BFE, ELEM, TEMP, 5, TJ(0, 0), TJ(1, 0), TJ(0, 1),单元温度根据 I, J 节点温度在横截面和沿单元长度按线性梯度变化。

A.4.3.3 BEAM188 单元输入概要

节点:I, J, K (K 是方向节点,是可选的)。

自由度:当 KEYOPT(1) = 0 时为 UX、UY、UZ、ROTX、ROTY、ROTZ。当 KEYOPT(1) = 1 时为 UX、UY、UZ、ROTX、ROTY、ROTZ、WARP。

截面控制:TXZ 和 TXY (横向剪切刚度)、ADDMAS (单位长度附加质量)。各参数由 SECCONTROL 命令指定。TXZ 和 TXY 默认值为 A * GXZ 和 A * GXY。其中 A 为横截面面积,GXZ、GXY 为剪切模量。

材料属性:EX (弹性模量)、PRXY (泊松比)、GXZ/GXY (剪切模量)、DENS (密度)、ALPD (质量阻尼系数)、BETD (阻尼刚度系数)、ALPX (线膨胀系数)。

面载荷:压力。face1:I—J、截面的 $-z$ 方向,压力表用在整个单元,若压力输入为负值,则与正方向相反,下同;face2:I—J、截面的 $-y$ 方向;face3:I—J、截面的 $+x$ 方向;face4:I、截面的 $+x$ 方向;face5:J、截面的 $-x$ 方向。面 1、2、3 为压力,面 4、5 为集中力。用 SFBEAM 施加面载荷。

体载荷:温度。在单元的每个端部节点指定 T(0, 0)、T(1, 0)、T(0, 1)。

支持特性:单元生死 [KEYOPT(11) = 1],单元技术自动选择、广义梁截面、初应力、大挠度、大应变、线性扰动、非线性稳定、海洋载荷。

KEYOPT(1):翘曲 (WARP) 自由度控制选项。为 0 时,每节点 6 个自由度;为 1 时,每节点 7 个自由度。

KEYOPT(2):截面缩放控制选项,仅 NLGEOM, ON 时有效,为 0 时,截面缩放为轴向拉伸的比例函数;为 1 时,截面被认为是刚性的。

KEYOPT(3)：沿长度位移函数选项，为 0 时，线性函数；为 2 时，二次函数；为 3 时，三次函数。

KEYOPT(4)：剪切力输出控制，为 0 时，只输出扭转剪切力；为 1 时，只输出横向剪切力；为 2 时，输出前两种剪应力组合。

KEYOPT(6)：单元沿长度积分点输出控制，为 0 时，在沿长度方向的积分点输出截面的力、力矩、应变和曲率；为 1 时，在选择项为 0 时输出的基础上增加横截面面积；为 2 时，在选择项为 1 时输出的基础上增加单元方向（x, y, z）；为 3 时，输出截面力、力矩、应变和曲率并外推到单元节点。

KEYOPT(7)：截面积分点输出控制（截面子类为 ASEC 时不可用）。为 0 时，无输出；为 1 时，最大、最小应力和应变；为 2 时，在选择项为 1 时输出的基础上增加每个截面节点的应力和应变。

KEYOPT(9)：单元和截面节点外推值输出控制（截面子类为 ASEC 时不可用）。为 0 时，无输出；为 1 时，最大、最小应力和应变；为 2 时，在选择项为 1 时输出的基础上增加截面表面的应力和应变输出；为 3 时，在选择项为 1 时输出的基础上增加所有截面节点的应力和应变输出。

KEYOPT(6)、KEYOPT(7) 和 KEYOPT(9) 只有在 OUTPR，ESOL 激活时才有效。

KEYOPT(11)：设置截面特性。为 0 时，当可提前积分截面属性时，自动计算；为 1 时，使用截面的数值积分。

KEYOPT(12)：渐变截面处处理。为 0 时，截面线性渐变，计算每个高斯积分点截面属性；为 1 时，采用平均截面，只计算截面形心的截面属性。

KEYOPT(13)：流体输出（在包括海洋波浪效应的谐响应分析时无效）。为 0 时，无输出；为 1 时，附加形心流体输出。

KEYOPT(15)：结果文件输出格式，为 0 时，存储每个截面角节点的平均结果；为 1 时，存储非平均的每个截面积分点结果。

A.4.3.4 BEAM188 输出数据

单元结果输出包括节点解和单元解。单元解的定义如表 5 所示，表 6 列出了可通过 ETABLE 命令用序列号方式输出的数据。

表 5 BEAM188 单元输出定义

变 量 名	定 义	O	R
EL	单元编号	Y	Y
NODES	单元节点 I, J	Y	Y
MAT	材料模型编号	Y	Y
C.G.：X Y Z	单元重心	Y	①

续表5

变量名	定义	O	R
AREA	横截面面积	②	Y
SF：y z	横截面剪应力	②	Y
SE：y z	横截面剪应变	②	Y
S：xx, xy, xz	横截面积分点应力	③	Y
EPEL：xx, xy, xz	横截面积分点弹性应变	③	Y
EPTO：xx, xy, xz	横截面积分点总机械应变	③	Y
EPTT：xx, xy, xz	横截面积分点总应变	③	Y
EPPL：xx, xy, xz	横截面积分点塑性应变	③	Y
EPCR：xx, xy, xz	横截面积分点蠕变应变	③	Y
EPTH：xx	横截面积分点热应变	③	Y
NL：SEPL	塑性屈服应力	—	④
NL：EPEQ	累积的等效塑性应变	—	④
NL：CREQ	累积的等效蠕变应变	—	④
NL：SRAT	材料屈服状态，0=不屈服，1=屈服	—	④
NL：PLWK	塑性功/体积	—	④
SEND：ELASTIC, PLASTIC, CREEP	应变能密度（变形比能）	Y	Y
TQ	扭转力矩	Y	Y
TE	扭转剪切应变	Y	Y
Ky Kz	曲率	Y	Y
Ex	轴向应变	Y	Y
Fx	轴向力	Y	Y
My, Mz	弯矩	Y	Y
BM	翘曲双力矩	⑤	⑤
BK	翘曲双曲率	⑤	⑤
EXTPRESS	积分点处的外部压力	⑥	⑥
EFFECTIVE TENS	梁的有效拉力	⑥	⑥
SDIR	轴向应力	—	②
SByT	单元+y侧的弯曲应力	—	Y
SByB	单元-y侧的弯曲应力	Y	Y
SBzT	单元+z侧的弯曲应力	—	Y
SBzB	单元-z侧的弯曲应力	—	Y
EPELDIR	梁端部轴向应变	—	Y
EPELByT	单元+y侧的弯曲应变	—	Y
EPELByB	单元-y侧的弯曲应变	—	Y

续表5

变 量 名	定 义	O	R
EPELBzT	单元+z 侧的弯曲应变	—	Y
EPELBzB	单元-z 侧的弯曲应变	—	Y
TEMP	所有截面角节点的温度	—	Y
LOC1：X Y Z	积分点位置	—	⑦
SVAR：1, 2, …, N	状态变量	—	⑧

①只有质心作为 * GET 项时可用。
②参见 KEYOPT(6)。
③参见 KEYOPT(7) 和 KEYOPT(9)。
④单元有非线性材料时。
⑤参见 KEYOPT(1)。
⑥只有在海洋载荷时有效。
⑦只有在使用 OUTRES, LOC1 命令时有效。
⑧只有在使用 UserMat 子程序和 TB, STATE 命令时有效。

表6 项目和序列号表

变 量 名	ETABLE 和 ESOL 命令输入项			
	Item	E	I	J
Fx	SMISC	—	1	14
My	SMISC	—	2	15
Mz	SMISC	—	3	16
TQ	SMISC	—	4	17
SFz	SMISC	—	5	18
SFy	SMISC	—	6	19
Ex	SMISC	—	7	20
Ky	SMISC	—	8	21
Kz	SMISC	—	9	22
TE	SMISC	—	10	23
SEz	SMISC	—	11	24
SEy	SMISC	—	12	25
Area	SMISC	—	13	26
BM	SMISC	—	27	29
BK	SMISC	—	28	30
SDIR	SMISC	—	31	36
SByT	SMISC	—	32	37
SByB	SMISC	—	33	38

续表6

变量名	ETABLE 和 ESOL 命令输入项			
	Item	E	I	J
SBzT	SMISC	—	34	39
SBzB	SMISC	—	35	40
EPELDIR	SMISC	—	41	46
EPELByT	SMISC	—	42	47
EPELByB	SMISC	—	43	48
EPELBzT	SMISC	—	44	49
EPELBzB	SMISC	—	45	50
TEMP	SMISC	—	51~53	54~56
EXTPRESS[①]	SMISC	—	62	66
EFEECTIVE TENS[①]	SMISC	—	63	67
S: xx, xy, xz	LS	—	CI[②], DI[③]	CJ[②], DJ[③]
EPEL: xx, xy, xz	LEPEL	—	CI[②], DI[③]	CJ[②], DJ[③]
EPTH: xx	LEPTH	—	CI[②], DI[③]	CJ[②], DJ[③]
EPPL: xx, xy, xz	LEPPL	—	AI[④], BI[⑤]	AJ[④], BJ[⑤]
EPCR: xx, xy, xz	L EPCR	—	CI[②], DI[③]	CJ[②], DJ[③]
EPTO: xx, xy, xz	LEPTO	—	CI[②], DI[③]	CJ[②], DJ[③]
EPTT: xx, xy, xz	LEPTT	—	CI[②], DI[③]	CJ[②], DJ[③]

①外部压力（EXTPRESS）和有效拉力（EFFECTIVE TENS）发生在积分点，而不是端节点。

②CI 和 CJ 分别是访问单元节点 I, J 处截面积上 RST 截面节点平均线性单元结果（LS、LEPEL、LEPPL、PEPCR、LEPTO 和 LEPPT）的序列号，只有在 KEYOPT(15)＝0 时可用。对于角节点 nn 有 $CI=(nn-1) \times 3+COPM$ 和 $CJ=(nnMax+nn-1) \times 3+COPM$。式中，nnMax 为截面上 RST 截面节点的总数；COMP 为应力或应变分量参数，COMP＝1、2、3 时分别对应 xx、xy、xz 分量。RST 截面节点指的是结果可用的截面角节点，可用 SECPLOT，6 观察其位置。

③DI 和 DJ 分别是访问单元节点 I, J 处截面积上 RST 截面节点非平均线性单元结果（LS、LEPEL、LEPPL、PEPCR、LEPTO 和 LEPPT）的序列号，只有在 KEYOPT(15)＝1 时可用。对于截面单元 nc 第 i (i＝1, 2, 3, 4) 角个积分点，有 $DI=(nc-1) \times 12+(i-1) \times 3+COPM$, $DJ=(ncMax+nc-1) \times 12+(i-1) \times 3+COPM$。式中，ncMax 为 RST 截面单元总数；COMP 为应力或应变分量参数，COMP＝1、2、3 时分别对应 xx、xy、xz 分量。截面积分点的结果应可用，可用 SECPLOT，7 观察截面单元。

④AI 和 AJ 分别是用 LEPTH 命令访问单元节点 I, J 处截面节点平均线性单元热应变列号，只有在 KEYOPT(15)＝0 时可用。对于角节点 nn 有 AI＝nn, AJ＝nnMax+nn。式中，nnMax 为截面上 RST 截面节点的总数；COMP 为应力或应变分量参数，COMP＝1、2、3 时分别对应 xx、xy、xz 分量。RST 截面节点指的是结果可用的截面角节点，可用 SECPLOT，6 观察其位置。

⑤BI 和 BJ 分别是用 LEPTH 命令访问单元节点 I, J 处截面积上 RST 截面积分点非平均线性单元热应变的列号，只有在 KEYOPT(15)＝1 时可用。对于截面单元 nc 第 i (i＝1, 2, 3, 4) 角个积分点，有 $BI=(nc-1) \times 4+i$, $BJ=(ncMax+nc-1) \times 4+i$。式中，ncMax 为 RST 截面单元总数。截面积分点的结果应可用，可用 SECPLOT，7 观察截面单元。

A.5　BEAM189

BEAM189 是三维 3 节点梁单元，也是基于铁木辛科（Timoshenko）梁理论。其特性和应用与 BEAM188 单元基本相同。这里只介绍 BEAM189 与 BEAM188 的不同之处。

BEAM189 是具有二次位移的函数。该单元具有线性弯矩分布，不支持局部压力载荷。当网格精细度较高时，该单元计算效率和收敛性也较高。BEAM189 是一个高阶单元面，应避免使用集中质量矩阵。

A.6　PLANE182

A.6.1　PLANE182 单元描述

PLANE182 用于二维实体结构建模，可用作平面单元（平面应力、平面应变或广义平面应变）或轴对称单元。它有 4 个节点，每个节点有 2 个自由度，沿 x、y 方向位移。单元具有塑性、超弹性、应力刚化、大挠度、大应变能力，它还具有用混合方程模拟几乎不可压缩弹塑性材料和完全不可压缩超弹性材料的能力。

A.6.2　PLANE182 输入数据

图 5 所示为单元几何形状、节点位置。单元的输入数据包括四个节点、一个厚度（只有在平面应力选项时需要）和正交各向异性材料性能。默认的单元坐标系与全局坐标系重合，用户也可以用 ESYS 命令自定义单元坐标系。

压力是单元的面载荷，单元面编号如图，压力为正时指向单元，温度作为体载荷可以在节点上输入，节点 I 温度为 T(I)，默认值为 TUNIF；如果其他的所有温度没有指定，则默认为 T(I)；对于其他的输入模式，未指定的默认温度为 TUNIF。

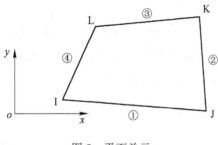

图 5　平面单元

在进行平面应力分析［KEYOPT(3) = 0］时，节点力应输入单元单位厚度上力的大小；在轴对称单元施加节点力时，应输入该节点对应的圆周上所有载荷的总和。

KEYOPT(6) = 1 时，使用 u-P 混合方程，可用 INISTATE 命令施加单元初始应力。

单元输入摘要如下：

节点：I，J，K，L。

自由度：UX、UY、UZ。

实常数：THK［KEYOPT(3) = 3 时使用］、HGSTF［沙漏刚度比例因子 KEYOPT(1) = 1 时使用］，默认值为 1。

材料属性：EX/EY/EZ9（弹性模量）、PRXY/PRYZ/PRZX（泊松比）、ALPX/ALPY/ALPZ（线膨胀系数）、DENS（密度）、GXY/GYZ/GZX（剪切模量）、ALPD（质量阻尼系数）、BETD（阻尼刚度系数）。

表面载荷：压力。face1：J—I；face2：K—J；face3：L—K；face4：I—L。

体载荷：温度。T(I)、T(J)、T(K)、T(L)。

支持特性：单元生死、单元技术自动选择、初应力、大挠度、大应变、线性扰动、材料力评价、非线性稳定、重新分区、应力刚化。

KEYOPT(1)：单元技术选项。为 0 时，完全积分的 $\overline{B}$ 方法；为 1 时，沙漏控制的均匀减缩积分法；为 2 时，增强应变法；为 3 时，简化的增强应变法。

KEYOPT(3)：单元行为选项。为 0 时，平面应力；为 1 时，轴对称；为 2 时，平面应变；为 3 时，输入单元厚度的平面应力；为 5 时，广义平面应变。

KEYOPT(6)：单元公式选项。为 0 时，纯位移法；为 1 时，u-P 混合方程。

A.6.3 PLANE182 单元技术

PLANE182 单元可以采用完全积分法、均匀缩减积分法、增强应变法或简化的增强应变法。当选择增强应变法时，单元引入四个内部自由度，处理剪切闭锁和一个内部自由度处理体积闭锁。

A.6.4 PLANE182 输出数据

单元结果输出包括节点解和单元解。单元解的定义如表 7 所示，表 8 列出了可通过 ETABLE 命令用序列号方式输出的数据。

表7 PLANE182输出的定义

名 称	定 义	O	R
EL	单元编号	—	Y
NODES	单元节点 I, J, K, L	—	Y
MAT	材料模型编号	—	Y
THICK	厚度	—	Y
VOLU	体积	—	Y
XC, YC	输出单元结果的位置	Y	③
PRES	压力：P1 在节点 J, I；P2 在节点 K, J；P3 在节点 L, K；P4 在节点 I, L	—	Y
TEMP	T(I)、T(J)、T(K)、T(L)	—	Y
S: X, Y, Z, XY	应力	Y	Y
S: 1, 2, 3	主应力	—	Y
S: INT	应力强度	—	Y
S: EQV	等效应力	Y	Y
EPEL: X, Y, Z, XY	弹性应变	Y	Y
EPEL: EQV	等效弹性应变	Y	Y
EPTH: X, Y, Z, XY	热应变	②	②
EPTH: EQV	等效热应变	②	②
EPPL: X, Y, Z, XY	塑性应变⑦	①	①
EPPL: EQV	塑性等效应变	①	①
EPCR: X, Y, Z, XY	蠕变应变	①	①
EPCR: EQV	等效蠕变应变⑥	①	①
EPTO: X, Y, Z, XY	总机械应变	Y	—
EPTO: EQV	总等效机械应变	Y	—
NL: SEPL	塑性屈服应力	①	①
NL: EPEQ	累积的等效塑性应变	①	①
NL: CREQ	累积的等效蠕变应变	①	①
NL: SRAT	材料屈服状态：0=不屈服，1=屈服	①	①
NL: PLWK	塑性功/体积	①	①
NL: HPRES	静水压力	①	①
SEND: ELASTIC PLASTIC CREEP	应变能密度（变形比能）	—	①
LOC1: X Y Z	积分点位置	—	④
SVAR: 1, 2, …, N	状态变量	—	⑤

①只有在单元有非线性材料或启用大挠曲效应时输出。
②只有在单元有热载荷时输出。
③只有质心作为 *GET 项时可用。
④仅当 OUTRES, LOC1 时使用。
⑤仅当使用 UserMat 子程序和 TB, STATE 命令时可用。
⑥等效应变使用有效泊松比。对于弹性应变和热应变由 MP, PRXY 设置，对于塑性应变和蠕变应变该值设定为 0.5。
⑦对形状记忆合金材料模型，应变输出为塑性应变 EPPL。

表8 项目和序列号表

变量名	ETABLE 和 ESOL 命令输入项					
	Item	E	I	J	K	L
P1	SMISC	—	2	1	—	—
P2	SMISC	—	—	4	3	—
P3	SMISC	—	—	—	6	5
P4	SMISC	—	7	—	—	8
THICK	SMISC	1	—	—	—	—

A.7 SOLID186

A.7.1 SOLID186 单元描述

SOLID186 单元是一个 3D20 节点实体单元,是具有二次位移的高阶单元,每个节点有 3 个自由度,沿 x、y、z 方向位移。单元具有塑性、超弹性、蠕变、应力刚化、大挠曲、大应变能力,它还具有用混合方程模拟几乎不可压缩弹塑性材料和完全不可压缩超弹性材料的能力。SOLID186 有两种形式:均匀的结构实体 [KEYOPT(3) = 0]、分层的结构实体 [KEYOPT(3) = 1]。

A.7.2 SOLID186 均匀的结构实单元说明

该单元十分适合不规则形状结构的网格划分,可具有任意的空间方向。

A.7.3 SOLID186 均匀的结构实单元输入数据

图 6 所示为单元几何形状、节点位置和单元坐标系。可以通过定义重复节点形成棱柱、金字塔和四面体单元。

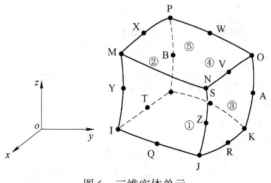

图 6 三维实体单元

单元由 20 个节点和正交各向异性材料性能定义。正交各向异性材料的方向与单元坐标系方向一致，默认的单元坐标系方向沿着全局坐标系方向。

节点载荷包括节点位移约束和节点力。压力是单元面载荷，单元面编号如图 6 所示，压力为正时指向单元。

温度作为体载荷可以在节点上输入，节点 I 温度为 T(I)，默认值为 TUNIF；如果其他的所有温度没有指定，则默认为 T(I)；如果指定了所有角节点温度，各中间节点的温度默认为相邻角节点温度的平均值；对于其他的输入模式，未指定的温度为 TUNIF。

KEYOPT(6) = 1 时，使用 u-P 混合方程，可用 INISTATE 命令施加单元初始应力。该单元自动计入压力刚化效应，当因为压力刚化效应而导致非对称刚度矩阵时，需要使用 NROPT，UNSYSM 命令。

单元输入摘要如下：

节点：I, J, K, L, M, N, O, P, Q, R, S, T, U, V, W, X, Y, Z, A, B。

自由度：UX、UY、UZ。

实常数：没有。

材料属性：EX/EY/EZ（弹性模量）、PRXY/PRYZ/PRZX（泊松比）、ALPX/ALPY/ALPZ（线膨胀系数）、DENS（密度）、GXY/GYZ/GZX（切模量）、ALPD（质量阻尼系数）、BETD（阻尼刚度系数）。

表面载荷：压力。face1：J—I—L—K；face2：I—J—N—M；face3：J—K—O—N；face4：K—L—O—P；face5：L—I—M—P；face6：M—N—O—P。

体载荷：温度。T(I)、T(J)、T(K)、T(L)、T(M)、T(N)、T(O)、T(P)、T(Q)、T(R)、T(S)、T(T)、T(U)、T(V)、T(W)、T(X)、T(Y)、T(Z)、(A)、T(B)。

支持特性：单元生死、单元技术自动选择、初应力、大挠度、大应变、线性扰动、材料力评价、非线性稳定、应力刚化。

KEYOPT(2)：单元技术选项。为 0 时，均匀减缩积分法；为 1 时，完全积分法。

KEYOPT(3)：层结构选项。为 0 时，均匀实体结构；为 1 时，分层实体结构；为 2 时，平面应变；为 3 时，输入单元厚度的平面应力；为 5 时，广义平面应变。

KEYOPT(6)：单元公式选项。为 0 时，纯位移法；为 1 时，u-P 混合方程。

A.7.4 SOLID186 均匀结构实体技术

SOLID186 支持完全积分法、缩减积分法。缩减积分法有助于防止在体积几乎不可压缩时发生体积闭锁，然而为使沙漏模式不在模型中传播，应在模型每个方向上至少有两层单元，完全积分法才不会引起沙漏模式，但体积几乎不可压缩时，可能发生体积闭锁，这种方法主要应用于纯线性分析，或当模型在每个方向只有一层单元时。

当选择增强应变法时，单元引入四个内部自由度，处理剪切闭锁和一个内部自由度处理体积闭锁。

A.7.5 SOLID186 均匀的结构实单元输出数据

单元结果输出包括节点解和单元解。单元解的定义如表 9 所示，表 10 列出了可通过 ETABLE 命令用序列号方式输出的数据。

表 9　SOLID186 输出的定义

名 称	定 义	O	R
EL	单元编号	—	Y
NODES	单元节点 I, J, K, L, M, N, O, P	—	Y
MAT	材料模型编号	—	Y
VOLU	体积	—	Y
XC, YC, ZC	输出单元结果的位置	Y	③
PRES	压力：P1 在节点 J, I, L, K；P2 在节点 I, J, N, M；P3 在节点 J, K, O, N；P4 在节点 M, N, O, P	—	Y
TEMP	T(I)、T(J)、T(K)、T(L)、T(M)、T(N)、T(O)、T(P)	—	Y
S: X, Y, Z, XY, YZ, ZX	应力	Y	Y
S: 1, 2, 3	主应力	—	Y
S: INT	应力强度	—	Y
S: EQV	等效应力	—	Y
EPEL: X, Y, Z, XY, YZ, ZX	弹性应变	Y	Y
EPEL: EQV	等效弹性应变⑥	Y	Y
EPTH: X, Y, Z, XY, YZ, ZX	热应变	②	②
EPTH: EQV	等效热应变⑥	②	②
EPPL: X, Y, Z, XY, YZ, ZX	塑性应变⑦	①	①
EPPL: EQV	塑性等效应变⑥	①	①
EPCR: X, Y, Z, XY, YZ, ZX	蠕变应变	①	①
EPCR: EQV	等效蠕变应变⑥	①	①
EPTO: X, Y, Z, XY, YZ, ZX	总机械应变	①	①
EPTO: EQV	总等效机械应变	Y	—

续表 9

名 称	定 义	O	R
NL：SEPL	塑性屈服应力	①	①
NL：EPEQ	累积的等效塑性应变	①	①
NL：CREQ	累积的等效蠕变应变	①	①
NL：SRAT	材料屈服状态：0=不屈服，1=屈服	①	①
NL：HPRES	静水压力	①	①
SEND：ELASTIC, PLASTIC, CREEP	应变能密度（变形比能）	—	①
LOC1：X, Y, Z	积分点位置	—	④
SVAR：1, 2, …, N	状态变量	—	⑤

①只有在单元有非线性材料或启用大挠曲效应时输出。
②只有在单元有热载荷时输出。
③只有质心作为 *GET 项时可用。
④仅当 OUTRES, LOC1 时使用。
⑤仅当使用 UserMat 子程序和 TB, STATE 命令时可用。
⑥等效应变使用有效泊松比。对于弹性应变和热应变由 MP, PRXY 设置，对于塑性应变和蠕变应变该值设定为 0.5。
⑦对形状记忆合金材料模型，应变输出为塑性应变 EPPL。

表 10　项目和序列号表

变量名	ETABLE 和 ESOL 命令输入项								
	Item	I	J	K	L	M	N	O	P	Q, …, B
P1	SMISC	2	1	4	3	—	—	—	—	
P2	SMISC	5	6	—	—	8	7	—	—	
P3	SMISC	—	9	10	—	12	11	—	—	
P4	SMISC	—	—	13	14	—	—	16	15	
P5	SMISC	18	—	—	17	19	—	—	20	
P6	SMISC	—	—	—	—	21	22	23	24	—

附录 B ANSYS 结构分析常用材料模型

所谓材料模型就是一组分析时所需要的材料特性参数，可分为线性、非线性和特殊材料等三类。

B.1 线弹性材料（Linear Elastic）

B.1.1 各向同性（Isotropic）

B.1.2 正交各向异性（Orthotropic）

B.1.3 各向异性（Anisotropic）

B.2 非线性材料（Non Linear）

B.2.1 弹性（Elastic）

B.2.1.1 超弹性（Hyper Elastic）

1）曲线拟合（Curve Fitting）

2）2/3/5/9 参数的 Mooney-Rivlin 模型

3）1/2/3/4/5/及一般的 Ogden 模型

4）Neo-Hookean 模型

5）1/2/3/4/5/项及一般的多项式模型（Polynomial Form）

6）Arroda-Boyce 模型

7）Gent 模型

8）1/2/3/4/5/阶及一般的 Yeob 模型

9）Blatz-Ko 泡沫模型（Blatz-Ko（Foam））

10）Ogden 泡沫模型（Ogden（Foam））

11）Mooney-Rivlin（TB，MOON）模型

B.2.1.2 多线性弹性（MultiLinear Elastic）

B.2.2 非弹性（Inelatic）

B.2.2.1 率无关（Rate Independent）

1）等向强化塑性（Isotropic Hardening Plasticity）

A Mises 塑性（BMC）

B Hill 塑性（BMC）

2）一般各向异性 Hill 势（Generalized Anisotropic Hill Potential）

3）随动强化塑性（Kinematic Hardening Plasticity）

A Mises 塑性（BMC）

B Hill 塑性（BMC）

4）混合强化塑性（Combined Kinematic Plasticity）

A Mises 塑性（CB，CM，CN）
B Hill 塑性（CB，CM，CN）

B.2.2.2 率相关（Rate Dependent）

1）黏塑性-等向强化塑性（Viso-Plasticity-Isotropic Hardening Plasticity）

A Mises 塑性（BMC）
B Hill 塑性（BMC）

2）蠕变（Creep）

A 曲线拟合（Creep Curve Fitting）
B 纯蠕变（Creep only）
C 用等向强化塑性（With Isotropic Hardening Plasticity）
D 用随动强化塑性（With Kinematic Hardening Plasticity）
E 用膨胀蠕变（With Swelling）

B.2.2.3 曲线拟合塑性（Plasticity Curve Fitting）

B.2.2.4 非金属拟合塑性（Non-metal Plasticity）

1）混凝土（Concrete）
2）D-P 材料（Drucker-Prager）
3）失效准则（Failure Criteria）

B.2.2.5 铸铁（Cast-Iron）

1）塑性泊松比（Plastic Poission's Ratio）
2）单轴压缩曲线（Uniaxial Compression）
3）单轴拉伸曲线（Uniaxial Tesion）

B.2.2.6 形状记忆合金（Shape Memory Alloy）

B.2.3 黏弹性（Visoelastic）

B.2.3.1 Prony 曲线拟合（Foam Curve Fitting）

B.2.3.2 Maxwell 模型

B.2.3.3 Prony 模型